JN195881

CATS: KEEPERS OF THE SPIRIT WORLD

# 猫はスピリチュアル

光と闇の世界を生きる精霊界の番人

ジョン・A・ラッシュ JOHN A. RUSH
岡 昌広［訳］ MASAHIRO OKA

徳間書店

# 猫はスピリチュアル

# まえがき

この世界には私たちには感じ取れない不思議なものがあります。そして、それを感知することのできる、人間の五感を超えた感覚を持つ動物もいます。そう、猫はまさにそんな動物の代表格です。元々、野生の肉食動物であった猫は、私たち人間よりもずっと感度の高い感覚を持っています。猫には人間には備わっていない能力があるだけでなく、私たちのなかにも眠っている潜在的な感覚が常にオンになっているのかもしれません。

この世界には、猫たち（と一握りの人間）だけが感知することのできる異次元が存在している可能性もあります。量子力学には、異次元やワームホール【訳注／瞬間移動を可能にする時空の歪み】などの存在を否定するものはありません。猫はときどき不思議な行動を取ることがありますが、それはもしかしたら、私たちの目には映らない世界が見えているのかもしれません。

猫にはどこか神秘的で、不思議で、気分屋で、愛らしく、執念深いといったイメージがあります。こうしたイメージはいつ、どこから来たのでしょうか？

猫の祖先は、いまから2000万年から3000万年前の間に、人類の祖先とほぼ同時期に現れたことがわかっています。

あなたは暗闇が怖いと感じたことはないでしょうか？

私たちの遠い祖先である古代の人々にとって、暗闇を恐れるのは当然のことでした。生物というのは次の世代の環境を見越してDNAを書き換えながら進化していきます。そのDNAに深く刻まれている太古の記憶から、人間は肉食動物が潜む暗闇に恐怖心を抱くのです。この恐怖はロシアの民話に登場する魔女「バーバ・ヤーガ」や、ユダヤの伝承に見られる猫の姿に化ける悪魔「リリス」など、私たちの想像力をかきたてる怪物譚にも表れています。大型のネコ科動物をはじめとする肉食動物は、古代の人々にとってとてつもない脅威でした。現代を生きる私たちの遺伝子にも残っているその恐怖こそ、人間と猫とのつながり、そして猫のスピリチュアルな一面を理解するための出発点なのです。

contents

## 第3章　不思議な猫の行動　35

## 第4章　猫と信仰　65

第5章
# 猫はなぜスピリチュアルなのか　79

## 第7章 猫と宇宙の関係 191

# 第1章
# 猫はミステリアス

猫はほかの動物たちとはちょっと違った雰囲気を持っています。犬や馬、牛、羊、山羊など、人間と暮らすほかのどんな動物とも異なるのは、猫は荷車を引くわけでもなければミルクを出したり卵を産んだりするわけでもなく、麻薬を嗅ぎつけることもありません。もちろん、食肉にしている国もほとんどありません。では、なぜ人は猫を飼うのでしょうか？　しかも、愛猫家には猫の下僕のようになっている人も多くいます。キャットフードを与え、キャットタワーやおもちゃを用意し、トイレ掃除にブラッシング、大量の抜け毛やスプレー（めったにしない）と吐き戻し（これは頻繁にある）の後始末に奮闘し、獣医の検診に大金を費やしながらも、私たちはにっこりと笑みを浮かべて愛猫を抱きしめ、愛情を注いでいるのです。

こんなにも非合理的な私たちの行動を説明するとしたら、それは遥か昔、人類の最古の祖先の時代にまで遡《さかのぼ》る必要があります。この地球上に霊長類が誕生したときには、猫の祖先も存在していました。人類は猫とともに進化してきたのです。そこに焦点を当てれば、猫に服従してしまう私たちの性《さが》や、猫のミステリアスなイメージの起源が見えてきます。
それでは、人間と猫のつながりの歴史を探ってみましょう。

## 人間と猫との長く深いつながり

自然人類学と象徴人類学を専門とする私が猫に興味を持ち始めたのは、人類の進化の起源が大雑把にしか判明していない理由を探ったことがきっかけでした。その理由のひとつには、骨というデータが非常に少ないことが挙げられます。現在の私たちが持っている知識には、とても大きな欠落があります。人類の祖先と猫の祖先がどんな関係にあったのかは、そのほとんどが当て推量であるにもかかわらず、あたかも真実のように自然人類学の教科書に書かれているのです。私たち学者はデータに基づいて過去を推論し、それを書籍や論文で発表して理解の礎にしています。そのため、一度権威ある書籍や雑誌に掲載された科学的な推論はなかなか捨て去ることができません。得てして「そう書かれているのだから、きっとそうなんだろう」と捉えてしまうのです。

猫の祖先は天敵のいない捕食者の頂点でした。一方、漸新世《ぜんしんせい》（約3800万年前から2400万年前）と中新世《ちゅうしんせい》（約2400万年前から510万年前）に現れた人類の祖先は何百万年もの間、外敵である肉食動物に捕食される側だったのです。そこから長い年月を経て、アフリカ大陸のさまざまな地域に暮らす古代の人々と肉食動物や腐肉食動物との関係は徐々に変化していきました。

古代の人々は果物やベリー類、根菜、芋類などの普段の食料が不足したときに、大型のネコ科動物をはじめとする肉食動物が残した獲物の肉を食べることを学びました。そう、私たち人類は遥か昔から猫の先祖に恩があるのです。私と妻のケイティはそのパワフルな動物の子孫たちに囲まれて暮らしながら、彼らの生態や行動について長期的な研究をしています。

私たち夫婦は地域猫のコミュニティを管理していて、いまは15匹とプラスアルファの猫を見守っています。なぜプラスアルファかと言うと、猫はよく移動しますし、特に夜は野良猫たちも来るからです。現在は５匹ほどの野良猫が私たちの敷地にやってきて、思い思いの時間を過ごしています。他所からやって来た野良猫たちは、地域猫たちに受け入れられれば長期的なメンバーになることができますが、それには適応力と根気強さが求められます。私たちは何年も前から野良猫のＴＮＲ【訳注／Trap（つかまえる）、Neuter（不妊手術する）、Return（元の場所に戻す）という一連の行動の頭文字を取った用語で、野良猫に不妊去勢手術を施して戻すことで繁殖を制限する活動】を行っているので、いまでは幼い子猫が敷地に入ってくることは滅多にありません。最近、とても若い長毛の黒猫が来ているのですが、彼は地域猫のスティンピーとティミーと仲良くなったようです。高齢の野良猫ほど、地域猫のコミュニティに受け入れられるのは難しくなります。その理由は、猫の独立性の高さ（猫は犬のように群れで行動する動物ではないため）と猫社会での上下関係にあります。

私たちの家には、地域猫たちのうち９匹が出入りしています。猫たちが屋外と屋内を自由に行き来できるようにしたことで、私たちは猫たちとより親密な関係を築いて、より深く行動を観察することが可能になりました。この35年間、私たちは古代の人々、たとえば古代シュメール人や古代エジプト人、南北アメリカの先住民たちの目には神秘的に映っていた猫の行動を探ってきました。古代の人々は猫には不思議な力があると考えていたのです。そして、そんな猫の特徴はやがてさまざまな神や女神と結びつけられるようになりました。

## 古代から神聖な生き物とされていた猫

私たちの話す言葉には「牛のようにタフ」や「だれにでも登るべき山がある」など、自然を引き合いに出した比喩《ひゆ》が多くあります。もちろん、これらはあくまで比喩表現であり文字通りの意味ではありません。「バラ色の夕焼け」や「狐のようにずる賢い」なども、私たちが身の回りの物事を説明するときに使う自然のイメージです。こんなふうに比喩表現を使って他人と意思疎通ができるのは、引き合いに出す自然界の色彩や動物の特徴などが一般的な共通認識だからです。

たとえば、人を動物に喩えるとしましょう。「あの人は犬みたいだ」とか「あの子は猫っぽい」といった具合に、私たちは人の性格や特徴を動物に喩えて表現することがありますが、これはだれもがその動物に対して持っている一般的なイメージがあるという前提の上に成り立っています。英語では人を虫や植物の特徴になぞらえて、ちょこまか付きまとってくる人をブヨのようだと言い表したり、間が抜けた人を表現するのに野菜のカブ（カブは自然界ではかなり賢いのですが）を用いたりします。とはいえ、こうした表現はその人が文字通り犬のような見た目をしているとか、カブ並みの知能しかないという意味ではありません。また、比喩表現は一般的なイメージが定着しているものを引き合いに出してこそ、話をより明確に伝えるために役立ちます。

一方、スピリチュアルという言葉は、異世界や霊の存在、幽体離脱や臨死体験など、人知を超えた物事や現在の科学では説明がつかない現象に対して使われます。また、だれもが経験していたり、なんとなく気づいていたりはするものの、科学的根拠のない物事を指す言葉でもあります。学者や科学者には、科学で証明できないものは実在しないと公言している人が多くいますが、その一方で、そうしたものが確かに存在することを認めている人もいます。

古代の人々にとって自然の力は人知を超えたものでした。そして、そんな人間の理解の及ばない現象はときに神や悪魔の力、不思議な存在の力によって引き起こされていると考えられていました。たとえば、なぜ雨が降るのか、雷はどこから来るのかなどはその最たる例です。私たち人間は理解の範疇《はんちゅう》を超えた経験をしたとき、なんとか説明がつくように考えようとします。すると、呪術的思考と呼ばれる考え方が引き起こされます。この呪術的思考とは「お祈りをしたから夢がかなった」「儀式をしなかったから災難が起こった」というように、因果関係がないことに無理やり関連性を見いだす考え方です。こうして人は理解の及ばない物事に対して想像上の物語を創り上げてしまうのですが、それは人の心というのは謎を解明しないと安心できないからです。

古代の人々が猫などの動物を神の使いと考え、崇拝していたとする主張もあります。崇拝というのは、神を敬うために儀式などに参加したり、キリスト教の場合は司祭や牧師、ユダヤ教であれば指導者《ラビ》、イスラム教なら導師《イマーム》を通じて伝えられる神の教えに従ったりすることです。崇拝の反対は、神と自らを同一視すること、つまり自分自身が神になることです。少なくとも私の定義する崇拝とは、神と自分との間には隔たりがあり、主に自分の願い（健康や子宝、経済的安定など）を叶えてもらうために尊ぶことです。

初期のキリスト教の儀式では、参加者はイエスと交わることができるとされていました。私だけでなくほかにも同じ見解を持つ人がいますが、これは儀式のなかでベニテングタケという幻覚作用のあるキノコを食べることで得られる感覚だったのではないかと考えられます。西暦３２５年以降になると、キリスト教は人間の罪のために苦難を受け、犠牲となって死んだ実在の人物イエスを崇拝する宗教へと変化していきました。それ以降はかつて行われていた神／イエスと交わる儀式は廃れていき、主な活動は信者や信奉者となって信仰するだけになりました。

猫はその独特の鳴き声や聴覚の鋭さなどで、古代の人々から神聖な生き物として見られていたようです。また、古代エジプトの神殿の神官や砂漠の労働者にとって、猫はサソリやヘビの存在にいち早く気づいて知らせてくれる守護者のような存在でもありました。でも、ここで疑問が浮かびます。もし猫が神聖な生き物だとしたら、なぜ化け猫のような猫のモンスターもいるのでしょうか？　モンスターも天界の存在と考えるのであれば神聖な生き物ということになると思いますが、悪魔崇拝者を除くほとんどの人にはそんな認識はないでしょう。

さまざまな文化に動物崇拝が見られたという誤認がよくありますが、動物そのものを崇拝するというのは稀《まれ》です。そうした誤解が生まれたのは、エジプト神話などに登場する神々が動物の特徴を備えているからだと思われます。

# 第2章

# 猫と人類の進化

猫の進化については私のこれまでの本で詳しく考察していますが、ここで強調しておきたいのは、ダーウィンの進化論には明らかな間違いが含まれているということです。ダーウィンの見解はいまでもよく知られているように、この宇宙と生命はさまざまな偶然が重なり合った結果として誕生したというものです。宇宙は無から生まれて、それから無作為に組織化していったとする専門家は多くいますが、平衡熱力学《へいこうねつりきがく》【訳注／熱力学的系が熱的、力学的、化学的に平衡であること】では彼らが推測しているような分子の自己組織化【訳注／外的要因からの制御を受けずに、分子自身で自然に組織や構造を構築すること】は起こり得ません。生命が偶然誕生したと仮定することで、ダーウィンは宇宙には知性が備わっているという説をはじめとするスピリチュアルな考えを一蹴しました。ダーウィンの信奉者たちは彼の進化論に絶大な信頼を寄せていて、過去も現在も含めてこの世界で起きることは数学と化学、古典物理学を使って解明することができると主張しています。もっとも、一部の科学者たちはこの世界には科学では説明がつかないことが多々あると認め、ダーウィンの考えに疑問を投げかけています。

たとえば、人間の脳には未だに謎に包まれている部分が多くあります。脳は分子

（化学物質、組織、流体）でできていますが、私たちが思考する際には脳波が測定されます。その脳波は脳のどこで生成されているのでしょうか？　脳波は測定することはできますが、どうやって生み出されているのかはまだはっきりとわかってはいません。興味深いことに、宇宙も人間の脳波と同じように波形に基づいていて、生命体によって観察、測定、知覚されることによってその波形が具現化するという見方があります。そしてその波形がどのようなかたちで具現化するかは、それを知覚した植物、昆虫、動物の神経系によって決まるそうです。

では、宇宙の波形はどこからやって来るのでしょうか？　それを突き止めたと主張している物理学者や生物学者もいますが、実際のところまだ推測の域を出ていません。

## ダーウィンの進化論の欠陥

いまも多くの人に信じられているダーウィン進化論は主に、たまたま突然変異によって生まれた親と形質の異なる個体が、淘汰されずに生き残ることで進化が起こるというものです。つまり、突然変異＋自然淘汰＋時間＝新しい種という考え方と言えます。このプロセスは、ダーウィンの信奉者が支持している唯物論【訳注／物質主義とも呼ばれる、観念や精神、心などの根底的なものは物質であると捉え、それを重視する考え方】では決して検証できません。私は科学界のだれであっても、自分の考えを科学的に証明する証拠を示すべきだと考えています。彼らが示しているのは結果の原因ではなく、結果についての裏付けに乏しい見解に過ぎません。

## 猫と人類の祖先

　猫のスピリチュアルな一面は、人類が何百万年にもわたって猫を観察するうちに見いだされました。私がもっとも興味深いと思うのは、人類の祖先である類人猿と猫の祖先は、漸新世と中新世の間の同時期に現れていることです。つまり、人類と猫は一緒に進化してきたという見方ができます。とはいえ、肉食動物である猫の祖先はハンターであり、人類の祖先は狩られる側でした。人間はほかの動物たちと比べて明らかに弱い生き物なので、常に警戒を怠らず、周囲の状況を把握し、コミュニケーションをとることが生き延びるために重要でした。

## 共生の歴史

人類の祖先は、いまから約300～340万年ほど前から石器をつくり始めました。でも、ここで疑問が生じます。なぜ石器が必要だったのでしょう？　当時の人類の祖先の食べ物は果物や葉野菜、塊茎《かいけい》、ベリー類、シロアリなどの昆虫がほとんどでした。これらの食料の調達には石器は必要なかったはずです。塊茎やシロアリも、鹿の角を使って簡単に掘り出すことができます。ところが干ばつや季節の激しい変わり目になるとそうした食料は入手しづらくなり、人々は自然からアイデアを得て、それを自分たちの暮らしに取り入れる必要がありました。

当時の石器とはどんなものだったのでしょうか？　それは肉食動物の歯に似ています。人類の祖先は石器を使い、腐肉食動物《スカベンジャー》に倣って大型のネコ科動物たちが残した獲物の肉を食べるようになりました。人間は長い犬歯や鋭い爪といった武器を備えていないので、肉食動物のそれに見立てた道具をつくる必要がありました――これが初期の石器です。大型のネコ科動物はかつて人類の祖先を獲物にしていましたが、今度は食料に困っている人類に食べ物を残してくれる存在になったのです。

およそ３００万年前のこの時期から、人類とネコ科動物たちは以前とは異なる関係を築き始めます。ネコ科動物たちは食べ物を残してくれる存在ではあるものの、依然として人間を獲物にすることもありました。当時の人々にとっては脅威であると同時にありがたい存在でもあったネコ科動物たちは、悪でもあり善でもあったのです。自然界には人間にとって良い面も悪い面もあるように、さまざまな宗教や神話の神々にはこの善と悪の二面性が表されています。

約80～50万年前になると突き槍が登場し、その後さらに革新的な投げ槍が発明されたことで、人間は動物のなかでもトップに君臨する捕食者になりました。当時の人々は小集団で狩りをして食料を集めていて、入手できる食料によってグループの人数が制限されていました。狩猟採集民のグループのほとんどは25人から多くても60人程度でしたが、トルコにある約1万2000年前の古代遺跡ギョベクリ・テペの存在が示しているように、特定の時期や特別な目的のためにかなりの人数が集まることもありました。このような集まりが、中東で数千年かけて徐々に起こった定住型農業の発展を後押ししたのかもしれません。注目すべきなのは、畜産が始まったのは定住型農業とほぼ同時期であることです。

もっとも、定住型農業を始めた人類は予期せぬ問題にも直面しました。作物だけでは、生きていくために必要な栄養をすべてまかなうことができなかったのです。そこで人類はミルクやパン、ビールといった新しい食品を作り出して適応しなければなりませんでした。畜産を行い動物と密接に関わる生活は、ネズミや害虫、病気などの問題ももたらしました。一部の研究者は、猫の家畜化が始まったのは農業が最初に発達したのと同じ中東の地域だと主張しています。『サイエンティフィック・アメリカン』誌はおよそ1万年前としていますが、キプロスでは人間と猫が一緒に埋葬された墓が発見されているので、より可能性が高いのは約9500年前だと思われます。ペンシルベニア大学で動物倫理学の教鞭を執っているジェームス・サーペル教授は次のように述べています。

〝キプロス島は小アジア本土から約60～80キロ離れた場所にあるため、在来種の猫はいない。ところが、２００４年にキプロスで行われた約９５００年前の遺跡の発掘調査では紛れもない猫の遺骨が出土しており、そのうちの１匹は人と一緒に埋葬されていた。その猫は比較的大きなサイズでリビアヤマネコの亜種に属していると見られており、この島に存在していたこと、人と暮らして一緒に埋葬されたことは、最初の植民者によって船で持ち込まれ、飼い慣らされていたことを強く示唆している。これが特異な例ではないと仮定すると、この発見はレバント地方【訳注／地中海の東側沿岸国であるキプロス、エジプト、イスラエル、レバノン、シリア、トルコを指す】の初期の新石器時代の住民が、少なくとも約1万年前にはすでにヤマネコを捕獲して飼いならし、海洋航海に連れて行く習慣があったことを示している。重要なのは、この年代は遺伝的証拠に基づき、イエネコの系統がリビアヤマネコの起源から分離したと考えられている年代とも一致しているという点だ〟

この話にある約1万年前という年代は興味深いと感じました。というのも、カナダと北ヨーロッパに彗星の一部が衝突し、ヤンガードリアス（新ドリアス期）と呼ばれるミニ氷河期が到来していた時期とも一致するからです。この破滅的な出来事によって動物たちは南へ移動しますが、川は凍り氷河になっていたため、レバント地方から西に向かってエジプトやリビアに行くのは容易だったと思われます。

もっとも、猫の家畜化の起源にはほかの可能性もあります。現在のリビア砂漠はかつて湖や沼地のある緑豊かな牧草地で、牧畜を営む人たちの家にはたくさんのネズミが生息していました。しかし紀元前5600年頃に始まった気候の変化に伴い、牧畜民はナイル川と上エジプト（ナイル川は北に流れるため、上エジプトはエジプト南部、下エジプトは北部のデルタ地帯）に向かって南東に移動しました。その牧畜民の後をリビアヤマネコやジャングルキャットなどの猫がついてきたのかもしれません。そこにはネズミという安定した食糧供給があったからです。猫たちにとって人間は常に食料供給源なのです。

猫は７０００年以上前のエジプトでも人間と暮らしていましたが、その頃はネズミの駆除という実用的な面で重宝されていました。レバント地方でもエジプトでも、どこかの時点で猫の遺伝子に小さな変化が起こり、その結果、人間と接するときのストレスが低くなったと考えられます。鳥類も含めて、多くの動物は人間に優しく扱われ、脅威を感じることなく定期的に餌をもらえれば次第に順応していきます。

重要なのは、人類と猫は何百万年にもわたって共生してきたということ、そして双方が経験したストレスが、最終的に私たち人間と飼い猫との深い関係につながったということです。

# 第3章

# 不思議な猫の行動

猫も人間と同じように、それぞれ性格も違えば行動にも個性があります。その一方で、すべての猫に共通した性質もあります。比較的おとなしい猫もいれば、神経質だったり、起きている間はずっと落ち着きがなかったりする猫もいます。また、攻撃的で自己主張の強い猫もいれば、穏やかで引っ込み思案な猫もいます。飼い猫であれば、いつも騒がしかったりおしゃべりだったりする猫もいれば、あまり鳴かない猫やゴロゴロとのどを鳴らす以外はまったく鳴かない猫もいます。こうした行動には遺伝的な要素が関係していて、昔から動物のブリーダーは穏やかな性格の個体を選んで繁殖を行ってきました。

## 守護の象徴

古代エジプトでは大型のネコ科動物、特にライオンは力の象徴でした。そんなネコ科動物のなかでも、猫はスピリチュアルな意味で守護の象徴とされてきました。

猫のスピリチュアルなイメージは、その縄張り意識や鋭い聴覚、暗闇でも周りを見ることができる視覚から生まれたものです。

## 人間には知覚できない音を察知

猫は見慣れないものがあったり、突然物音が聞こえたりすると敏感に反応します。人間も突然着信音が鳴ったら「電話だ！」と素早く反応しますが、こうした瞬発力は間違いなく生き残る上で大切なものです。さらに、猫は私たち人間には聞こえない音を聞き分け、侵入者が自分たちのテリトリーに入ってきたときに飼い主に警告することができます。古代エジプトでは、危険を素早く察知する猫の能力はスピリチュアルな力と見なされていたようです。

## 鳴き声で話す

エジプトの古代遺跡メンフィスで発見されたシャバカ石と呼ばれる碑文には「はじめに言葉ありき」という一文が刻まれていました。この言葉は、新約聖書の聖ヨハネによる福音書の冒頭にも記されています。猫のなかには我が家のスパイクのように、話しかけられると返事をして、実際に1分ほど話し続ける子もいます。少なくとも私の経験上、ほかの動物たち（カラスやオウムなどは例外かもしれませんが）は人間が話しかけても返事を返すことはありません。古代の人々は、話すという行為は神聖でスピリチュアルなものだと考えていました。英語で象形文字を意味するヒエログリフという言葉は、神聖な彫刻を意味するギリシャ語の「hieroglyphikos」に由来していて、この彫刻は文字の起源とされています。多くの人は古代の彫刻や文書を芸術と捉えていますが、じつはそうではありません。古代の墓に彫られているモチーフは神聖なものであり、多くの場合、墓が閉じられると人の目に触れることはありませんでした。シャバカ石には宇宙はプタハ【訳注／古代エジプトの都市メンフィスで信仰された創造神】の言葉によって誕生したと刻まれていることからも、言葉は神聖なものであり、物事を引き起こす力があると考えられていたことがわかります。話をするように鳴く猫は、古代の人々の目にはスピリチュアルで神聖な存在に映っていたのかもしれません。

## 誘導する

猫の興味深い行動のひとつに、飼い主をどこかに誘導することが挙げられます。我が家の猫たちも、私をどこかへ誘導するような行動を取ることがあります。私が歩いていると、猫たちは私の前を歩いて先導します。これは大抵、私をリビングルームに行かせたいときにする行動です。そして私がその部屋に入ると、猫たちは猫用の窓やドアを通ってキャティオ【訳注／室内飼いの猫が屋外で安全に楽しく過ごせるように、家に隣接して設けられた猫用のスペース（囲い）】に入るか、私の膝の上に乗ってきます。また、シドという猫は私の妻のケイティを寝室に連れて行き、ブラッシングをねだることがよくあります。シドはふさふさした長毛種のため、あごの下にドレッドヘアのような毛束ができやすく、頻繁にブラッシングをして毛を梳《と》かす必要があるのです。こうした行動は猫たちがなにかを要求しているときや、単に私たちにそばにいてほしいときに見られます。

我が家の茶トラたち、特にネイトは私をどこかに連れて行くことが多いのですが、その目的は大抵、彼が見つけたビニール袋だったり、妻のヘアゴムだったり、テーブルから落ちた物だったりを見せるためです。その行動はまるで自分の捕らえた獲物を私に自慢したいかのようです。

そしてもうひとつ、これはちょっと危険な行動ですが、私がリビングルームに行くときに足元にスパイクがまとわりついてくることがあります。動機はよくわかりませんが、これもおそらく誘導のバリエーションのひとつなのでしょう。私は転ばないように、いつも歩くスピードを落としてスパイクを前に行かせています。

また、猫が人を誘導するのはその人への好意の表れでもあります。だれでも好かれるのはうれしいですし、猫は人を見た目では判断しません。犬もそうですが、猫はとても受容的で、外見や条件に関係なく他者を受け入れる生き物です。こうした点は私たち人間ももっと見習うべきかもしれません。

我が家の室内飼いの猫の何匹かは、的確な表現かはわかりませんが、とにかく目立ちたがり屋です。リビングルームには麻紐を巻いたキャットタワーをいくつか置いているのですが、我が家の猫たちはそこに登るのが大好きで、茶トラのネイトとアーニーはタワーの半分くらいまで駆け上がると、まるで「見て！」と言わんばかりに私と妻に顔を向けます。私たちが褒めると、ネイトはどんどん上へと登ります。アーニーの方はたいていタワーの半分ぐらいまでしか登れず、励ましても途中で飛び降りてしまいます。若い頃のスパイクは、１メートル超のモップをくわえてリビングを歩き回ることがよくありました。そして私たちが注目しているのを確認してから、そのモップを一生懸命キッチンまで運んでコンロの前の床に落とすのです。私はずっと目立ちたがり屋は人間に特有の性格だと思っていましたが、七面鳥などの鳥が雌の気を引くため、または敵を威嚇するために羽を広げて見せつけることを考えると、自分の存在をアピールするのは何百万年も前から動物にも見られる行動だと言えるでしょう。

## ふみふみ

研究者によると、猫が前脚で毛布などをふみふみする行為は本能的なもので、子猫が母猫の母乳の分泌を刺激する行為に関係しているそうです。成猫になってからのこの行為は、満足感の表れではないかといわれています。ほかにも、これは猫の愛情表現だとする説もあります。

## 縄張り意識

とても縄張り意識が強いのも猫の特徴のひとつですが、これは食べ物を確保するために十分なテリトリーを必要とする動物にとっては当然のことです。人類は何百万年もの間、決まった地域に留まって暮らす必要がありました。遺跡の調査では矢のようなものが刺さった跡が見られる人骨も発見されていて、古代の人々の間でも熾烈な縄張り争いがあったことが窺えます。生物には生きようとする本能があり、命を維持するためには食べなければなりませんが、往々にしてそれを邪魔する相手との間で争いが起こります。現代でも、大都市に蔓延るギャング同士の争いがまさにそれを物語っています。スラム街では縄張りこそがすべてであり、ギャングは自分たちのテリトリーを示して守る必要があります。動物と違って人間は視覚的なマーキングで自分たちの縄張りを示しますが、街中の壁などに缶スプレーで描かれたグラフィティと呼ばれる落書きもそのひとつです。グラフィティはギャングたちにとって、その場所がだれの縄張りなのかを知らせるという点でとても重要なものなのです。もっとも、ギャングではなく個人的にグラフィティを描いている人もいます。彼らはタガーと呼ばれ、一見ギャングと同じことをしているようにも見えますが、彼らのグラフィティは単に「私はここにいる」というサインであったりします。

猫は尿など、においのマーキングで縄張りを示します。ほかの猫に対して縄張りを示す場合は、頭の側面や肛門にある分泌腺から出ているにおいでマーキングすることがほとんどです。猫が懐いている人に頭やお尻をこすりつけるのを愛情表現と解釈している人は多いと思います。これは確かに猫が懐いている人にだけする行為ですが、じつはその人を自分の縄張りとしてマーキングしているのです。また、尻尾を人の脚に巻きつけるのは肛門の左右にある肛門腺から出るにおいをつけるためです。人間はこのにおいを感じ取ることはできませんが、猫や犬は感知しています。我が家にはすっかり人馴れした猫が7匹いますが、家のなかを自由に歩き回りながらよく私や妻のケイティに体をこすりつけています。この行動は、ほかの猫のにおいを自分のにおいで上書きするためだと思います。いつも私たち夫婦の前を先導して歩いたり、膝の上に座ったりしている我が家の猫たちにとって、私と妻は縄張りであり自分のものなのです。私たち人間と猫たちの絆はこうして深まっていきます。

## 人に懐く

人類の祖先はもともとオオカミなどと同様に、小さなグループをつくって暮らしていました。何百万年、何千万年もの間、人間は少人数の親密な仲間と生死をともにしてきたのです。人類学者によると、ひとつのグループの人数は25〜60人ほどで、ほかのグループとは主に繁殖を目的としての関わりを持っていたそうです。狩猟採集民の場合、確保できる食物は縄張りごとに限られていますし、季節的な変動もあります。

動物に目を向けると、タンザニア北部のセレンゲティという広大なサバンナはたくさんの草に恵まれていたので、この土地に住むインパラやウォーターバックなどはより大きな群れで暮らすことができました。

一方、猫は群れで行動する動物ではありません。ネコ科のなかでもライオンは「プライド」と呼ばれる群れをつくりますが、猫はヒョウやピューマ、オオヤマネコ、ボブキャットと同じく単独行動をする動物です。でも、私の経験上、飼い猫も野良猫もほかの猫と関わることで絆が生まれます。現在、私たちの敷地には新入りの若い野良猫がいますが、すでに我が家の茶トラたちの母猫のサンディや、外に出るのが好きなロッキーと仲良くなっています。

兄弟として生まれた猫たちは、生まれた順番が近かったり、いつも隣同士で母猫の母乳を飲んだりすると親密になる傾向があるようです。我が家の猫たちは、病気や怪我をしたときにはお互いに世話をし合っています。さらに猫同士だけでなく、私や妻のケイティが病気になったときも心配しているかのような反応を示すのです。特に雌の猫の場合はその傾向が強いように感じます。デイジーという雌のメインクーンは、ほかの猫がクローゼットなどに閉じこもって出てこなかったり、病気になったりすると私たちに注意を促します。それだけでなく、ほかの猫が病気になるとデイジーは隣で丸くなって温めてあげることもあります。また、雌の猫が子リスや子ウサギの母親代わりになったという話も聞きます。我が家の茶トラのネイトはここのところ体調を崩しているのですが、今朝、動物病院へ連れて行くためにキャリーバッグを準備していると、弟のシャーベットがそわそわしていました。キャリーバッグが出てくるのはだれかがどこかへ連れて行かれる前触れなので、なにやらいつもと様子が違うと感じたのでしょう。昨晩はネイトの隣で丸くなっていたシャーベットでしたが、これを書いているいまはネイトがいつも寝ている場所で彼の縄張りを守るように座っています。少なくとも我が家の猫たちにとって、寝る場所は神聖な縄張りなのです。

群れで生活する動物ではないはずの猫が、なぜこうした行動を取るのでしょうか？もしかしたら、現代の猫は少数グループで暮らす動物になりつつあるのかもしれません。似たようなケースはほかの動物、たとえばオオカミやゾウにも見られますが、彼らはもともと社会性の高い動物なのでとくに驚くことではありません。私とケイティはこの35年間、幾度となく猫たちの思いやりに溢れた行動を目にしてきました。

何年か前になりますが、私たちの敷地にはスクラッフィーという白と薄茶色のきれいな長毛の猫が出入りしていました。しばらく見ないので心配していたら、ある日、脚を引きずって戻ってきました。骨折していたので、外で車に轢かれてしまったのかもしれません。私たちの家の近所で暮らしている老猫もしばらく姿を見せなかったのですが、彼もスクラッフィーと一緒に帰ってきました。どうやら、怪我をしたスクラッフィーを助けていたようなのです。私たちはすぐにスクラッフィーを動物病院に連れて行き、術後は大事を取って約1ヶ月間ケージのなかで過ごしてもらいました。それまで自由に外に出ていたスクラッフィーにとって、ケージでの生活は大きなストレスだったと思います。

飼い猫は家の人たちを自分のテリトリーとしてマーキングしますが、特にそのなかのひとりの人にとても懐く傾向があるようです。猫も人間と同じように、愛情を持って接すればその気持ちに応えてくれますが、私はそんな猫と人間の絆はイソップ物語の『アンドロクレスと獅子』のようだと感じています。

読んだことのない方のために、ここでその物語のあらすじを簡単に紹介しておきます。

〝アンドロクレスという名の奴隷はある日、自由を求めて森のなかへ逃げ込みました。ひとり森のなかをさまよっていると、生い茂った草の間からうめき声が聞こえてきます。用心深く草をかき分けてみると、それまで見たこともないような大きなライオンがいました。アンドロクレスは逃げようとしましたが、ライオンはうめき声をあげるだけで、彼には見向きもしません。恐る恐るそばに近づいてみると、ライオンは血が出て腫れている前足を出しました。ライオンと目を合わせないように注意しながらさらに近づいてみると、原因がわかりました。前足に棘が深く刺さっていたのです。棘を抜いてやるとライオンは弱々しい唸り声をあげましたが、アンドロクレスは精一杯恐怖心を抑えながら自分の衣服を破り、ライオンの前足を縛って止血しました。するとライオンは身をかがめて犬のようにアンドロクレスの手を舐めました。アンドロクレスはライオンを近くの洞窟まで連れて行き、傷が癒えるまでは毎日、狩りをしてライオンに肉を持っていきました。

ところが、それから間もなくしてアンドロクレスは追手に捕らえられてしまいます。脱走した奴隷は、飢えたライオンの餌にして処刑されることになっています。

皇帝と宮廷の者たちが見守るなか、アンドロクレスは闘技場に連れ出されました。そして檻から解き放たれた1頭のライオンが、咆哮を上げながらアンドロクレスに向かって突進してきます。ところが、そのライオンはアンドロクレスの顔を見るなり友人だと気づき、じゃれながら従順な犬のように彼の手を舐め始めました。

これに驚いた皇帝はアンドロクレスを呼び寄せて事情を聞きました。その結果、アンドロクレスは奴隷の身分から解放され、ライオンも生まれ故郷の森に還されることになりました〟


ジョージ・バーナード・ショーが1912年に書いたこの戯曲は、1952年に映画化もされています。これととてもよく似た話が、シリアの砂漠で隠遁生活を送った聖ヒエロニムスとライオンの逸話にも見られます。

〝ヒエロニムスという著名な学者が、39歳で枢機卿に就任した。教皇政治には興味がなく、隠遁生活を送っていた彼の唯一の友はサソリと野生動物であった。就任後、ヒエロニムスはベツレヘムに向かい、イエス降誕の地で聖書の翻訳に取り組んだ。そんなある日、彼が修道院で祈りを捧げていたところに1頭のライオンが迷い込んできて、修道士たちを恐怖に陥れた。ヒエロニムスはそのライオンの前足に棘が刺さっていることに気づくと、落ち着いてその棘を抜き、傷を丁寧に洗って包帯を巻いてやった。それ以来、ライオンは修道士たちと畑から薪を運ぶロバを守るようになった。ところがある日、何者かが敷地に入ってロバを盗んだ。修道士たちはライオンがロバを食べたと思い込み、罰としてライオンに薪を運ばせることにした。ライオンは辛抱強くその重荷に耐えながら、連れ去られたロバを探し続けた。そしてある日、ライオンはついにロバを盗んだラクダ商人を見つけた。ライオンが恐ろしい唸り声をあげて商人を追い払いロバを修道院に連れ帰ると、ヒエロニムスは事の顚末を理解した。その後、ラクダ商人は修道院にやって来て許しを請い、ヒエロニムスはライオンとロバと幸せに暮らした〟

他者を思いやる行動は猫だけでなく多くの動物に見られますが、それは愛と呼べるのではないでしょうか？　ここで昔ながらの猫との絆を深めるテクニックをひとつご紹介します。生まれたばかりの子猫の顔に息を吹きかけると、より早くその子との絆を深めることができるそうです。猫にとって、匂いはとても重要です。これは1万年か1万1000年前、中東で牛や羊、山羊、そして猫を飼い始めたときに行われ始めたといわれています。

また、ゆっくりとまばたきをするのも猫と仲良くなるために有効なテクニックのひとつです。猫のさまざまな特徴のなかでも、目はとりわけ神秘的な印象を人に与えます。我が家の茶トラのネイトは、目を細めて私をじっと見ていることがよくあります。そんなときは、私もお返しに両目でゆっくりとまばたきをします。猫は通常、ほかの猫との直接的なアイコンタクトを避ける習性があります。猫の世界ではアイコンタクトは威嚇のジェスチャーなのです。そのため、ほかの猫と目が合いそうになると逸らすことがほとんどです。でも、ゆっくりとしたまばたきは好意的なジェスチャーになります。特に人間が意図的にゆっくりとまばたきをしたときには、猫も目を逸らさずにアイコンタクトをしてくれます。

ときに人間と猫の絆はとても強いものにもなりますが、これは数千年の間に猫の遺伝子が変化した証拠なのかもしれません。我が家のメインクーンのスパイクは、私がどこにいるかを常に把握していなければ気が済まないようで、ときどき家中を歩き回って鳴き声で私を呼びます。これは彼なりに私の名前を呼んでいるつもりなのかもしれません。

## 高い独立性

猫の大きな特徴はその独立性の高さです。見方を変えれば、これはほかの猫には無関心とも取れます。私たち人間と暮らす猫たちも、名前を呼ばれて反応を示すのはあくまで気が向いたときや遊びたいとき、白身魚やマグロのパテなどの特別なご馳走がもらえるときなどが多いように思います。

かつては少数のグループで生活していた人間には、そこまでの独立性は備わっていません。現代においても、私たち人間は社会に適応する必要があります。だれもが心のどこかで集団から疎外されることを恐れていて、いざ孤立してしまえば、孤独感や抑うつなどの感情に支配されます。この傾向は都市部で暮らす人ほど顕著になるようです。都会では、どこかに属していなければ自分はだれでもないからです。かといって、荷物をまとめて僻地に移り住み、自給自足の生活ができるのは特別なスキルやお金を持っているごく少数の人たちだけです。仙人のようにそれに近い暮らしをしている人もいますが、それでも完全に自給自足の生活を送っているわけではありません。オフグリッド生活【訳注／自家発電などによって、電力会社の送電網《グリッド》に依存しない生活】をすることを選び、人里離れた土地に移住する人も多くいます。とはいえ、そうした人たちも野菜と肉を交換したり、薪と狩猟用ライフルの弾薬を交換したりするような組合を形成しています。実際のところ、いくら都市から離れて生活していても、人はひとりでは生きていけないのです。アメリカには昔から、こうした物々交換のコミュニティはよくありました。特に現代社会を生きる人にとって、犬や猫は人との交わりが希薄になった心の隙間を埋めてくれる存在になっています。

私の見解では、猫の独立性は犬やオオカミとは異なりグループで行動する動物ではないという事実から生じています。猫には柔軟性もあるので食べ物と縄張りがたくさんあれば集団でもうまくやっていくことができますが、もともとは単独行動をする生き物なのです。

## 嫉妬

猫は恨みを抱かないという研究者もいますが、私はそうは思いません。猫も人間と同じように、だれかにひどいことをされたらそれを覚えています。では、嫉妬はどうでしょう。猫も嫉妬することがあるのでしょうか？　私の見解はイエスです。猫は特定の人に懐きます。猫にとってその人は自分の縄張りのようなものなので、ほかの猫が膝の上に乗ったりすれば、野生の生活で縄張りに侵入されたときと同じように争いが勃発することもあります。人間も恋人がほかの人と親密にしているのを見るとケンカに発展することがあるように、こうした嫉妬もまた、猫と人間との絆のひとつと言えます。私によく懐いているメインクーンのスパイクは、ソファに勢いよく飛び乗ってきても、すでにほかの猫が私の膝の上にいるのに気づくと背を向けてしまいます。

幸いにもこの拒絶反応は一時的なもので、大抵は穏やかなトーンで話しかけたり軽く触れ合ったりすることで機嫌が直ります。

## 鋭い感覚

猫はとても鋭い感覚を持っています。猫の目は対象のわずかな動きや速い動きもとらえることができ、耳は人間には聞こえない周波数の音まで聴くことができます。我が家にはテレビを見るのが好きな猫もいますが、内容まで理解しているかと言えば、さすがにそれはないでしょう。でも、たとえばコマーシャルに猫が出て来ると、明らかに注目している様子でなにか話しかけています。また、猫はときどきなにもない空間をじっと見つめていることがあります。ただぼんやりと空想しているだけかもしれませんが、まるでフリーズしてしまっているようにも見えます。もしかしたら、これは心を無にして瞑想するようなスピリチュアルな行為なのかもしれません。

## ストレッチ

古代エジプトの象形文字《ヒエログリフ》には、人間やヒヒ、ライオンが太陽神ラーやその化身であるファラオ王にひれ伏している姿を表したものがあります。猫はあくびをしながら前足をピンと伸ばすストレッチをよくしますが、古代エジプトの人々はこれを懐いた人間に対して敬意を表す行為と見なしていたのかもしれません。猫が体を伸ばすのはストレッチしているだけでなく、リラックスして心地よい気分も表しているといわれています。でも、これにはもっと別の意味があるのかもしれません。私たち人間は言葉で挨拶を交わしますが、猫たちはジェスチャーでコミュニケーションを取ります。そしてこの仕草がどの猫にも共通していることから、これは猫同士の挨拶とも考えられるのです。

## 隠れる場所と逃げ道

猫は隠れたり眠ったりするための暗くて人目につかない場所を見つける名人です。眠っているときは無防備になるので、暗くて目立たない場所は猫にとって聖域なのです。

私たちの家の外で暮らしている茶トラのサンディは、数ヶ月前に８匹の子猫を産みました。残念ながら１匹は死産でしたが、残りの７匹は元気で可愛らしい猫に育っています。出産した直後は、庭にあるサンディのケージを掃除したり水やキャットフードを交換したりはできましたが、子猫たちに触ることはできませんでした。とはいえ、サンディは献身的に子猫たちを育てていたので、私たちもなるべく干渉しないようにしていました。

日が経つにつれて子猫たちの目が開くようになると、7匹のうち3匹が角膜ヘルペスウイルスに感染していることがわかり、私と妻は1日に2回、子猫たちに目薬をさしました。そして生後4週間が過ぎた頃から、子猫たちは少しずつ子猫用のキャットフードを食べるようになりました。この頃になるとサンディも外へ行きたがるようになったので、6週間目くらいからはケージを開けて自由に出入りできるようにしました。サンディが新しい友達のロッキーと一緒に戻ってくると、子猫たちは母乳を欲しがって寄っていきました。

その頃からは、私たちは子猫たちに朝ごはんを食べさせた後、書斎に入れて遊ばせていました。最初の数日はベッドの上に登って匂いを嗅ぎ回ったりする程度でしたが、ある日を境に子猫たちの行動に変化が見られました。

ある朝、妻がいつものように子猫たちを私の書斎に入れてからしばらく部屋を離れたのですが、戻ってみると7匹のうち5匹の姿しかありませんでした。妻はびっくりしてベッドの下やケージのなか、机の下など、ありとあらゆる場所を探しましたが子猫は見つかりません。リビングルームに戻ってきた妻から子猫たちが外に出てしまったようだと聞いて、私も書斎を確認しに行きました。すると今度は7匹のうち3匹だけがベッドの上で遊んでいました。外に出るのは物理的に不可能ですが、部屋のどこにもほかの子たちの姿はありません。いったいどこに行ったのでしょうか？　私は念のため妻のケイティと外に出て家の周りをチェックしましたが、やはり子猫たちは見つかりませんでした。そしてまた書斎に戻ってみると、今度はさっきまでいたはずの3匹も忽然と姿を消していたのです。まさか侵入者に連れ去られたかと思ったそのとき、部屋の隅のドレッサーから小さな鳴き声が聞こえました。私はすぐに一番上の引き出しを開けましたが子猫はいません。次に真ん中の引き出しを開けてみると、靴下の上で7匹の子猫が一緒に丸くなって寝ていました。最初はどうやってこの引き出しに入ったのか不思議に思いましたが、後で裏から入ったことがわかりました。ドレッサーの下には少し隙間があって、そこから引き出しの裏に入れるのです。それ以来、その引き出しは子猫たちのお気に入りの場所になり、しばらくは毎朝数時間そこで寝ていました。いまでは成長して体も大きくなり、もう引き出しには入れなくなりました。猫は本能的に四方八方が囲まれていて身を隠せる場所を探し出すようです。また、猫はそこからの逃げ道も確保しています。

## 毛づくろい

猫が得意なのは、食べること、寝ること、そして毛づくろいをすることの3つです。猫は清潔な環境にいる限り、とてもきれい好きな生き物です。私は我が家の猫たちを観察するなかで、毛づくろいを終えた後の行動にはふたつのパターンがあることに気づきました。そのまま昼寝をするか、新しい匂いがないかチェックしながら縄張りを巡って、自分の匂いが消えてしまった物や新しく目にしたものに匂いをつけて回るかのどちらかです。たとえば、メインクーンのスパイクは毎朝、ソファでコーヒーを飲んでいる私たちの隣に座ってしばらく毛づくろいをします。そしてソファから飛び降りてリビングルームを出ると、まずは段ボールの爪とぎをガリガリします。それから廊下を進み、トイレをチェックし、また廊下を進んでテレビのある部屋に入り、家の東側にあるキャティオに出ます。しばらくそこでくつろいだ後は、自分の匂いを辿ってキッチンに行き、窓台に飛び乗ります。その窓は裏庭の猫や鳥、リスを観察することができる彼のお気に入りの場所なのです。そしてまたしばらくするとそこから飛び降りて、キッチンのキャット・ドアを通って今度は北西側にある大きなキャティオに出ます。この広いキャティオには、裏庭が一望できるスパイク専用の居場所があります。スパイクにとって、こうして部屋から部屋へと移動しながら縄張りを見回り、馴染みのあるものや見慣れないものをチェックしたり、自分の匂いをつけたりするのは日々のルーティーンなのです。

# 第4章
# 猫と信仰

古代においても、動物が神格化されて崇拝の対象になることは稀でした。こうしたテーマを扱うときには、そもそも崇拝をどう定義するかという問題があります。崇拝することと神聖なものとして扱うことの違いをきちんと区別していないと、誤った解釈が生まれてしまうからです。たとえば、エジプト神話にはセクメトなどのライオンの頭を持つ神が登場しますが、これはライオンの特徴を備えた神であって、ライオンそのものが崇拝されていたわけではありません。

## 世界的にもごく稀な動物崇拝

古代エジプトで崇拝されていた可能性のある動物は、エジプト神話の創造神プタハの化身とされる聖牛アピスと、ワニが神格化したナイル川の神セベクです。聖牛アピスは太陽神ラーと女神ハトホルとのつながりがあり、黒い牛の姿で額には白い三角形の斑点、そして背中には鷹の翼のようなかたちの模様があるのが特徴です。この聖牛は寿命を終えて死んだ後にミイラにされ、サルコファガス（肉を食べるという意味。数週間で歯を除く人体の全てを食べると信じられていた）と呼ばれる壮麗な装飾が施された棺に入れられてサッカラという広大な埋葬地に葬られたと伝えられています。

私が不思議に思うのは、古代エジプトで行われていた雄牛のミイラ化はその手順が書き残されているのに、人間のミイラ化に関してはなにも記録が残っていないことです。エジプト学者のなかには、人間のミイラ化は日常的に行われていたので手順を書き残す必要がなかったと考えている人もいます。確かにそうかもしれません。雄牛のミイラ化は古代エジプトでも稀で、おそらく20年か25年に一度ほどしか行われなかったのではないかといわれています。また、人間のミイラをつくるのは儀式として行われていたため、門外不出の秘密にされていたのではないかとも考えられます。遺体のミイラ化を行う人は医療の専門家ではない上に、職業としても決して高い位ではありませんでしたので記録が残っていないのかもしれません。

もう一方のセベクは神格化されたワニです。セベクはエジプト神話で太古の昔に最初に出現した土地であるベンベンの丘と同じく「ヌン（原初の水）」から誕生したとされています。ワニは非常に危険な生き物なので、おそらく当時は多くのエジプト人がその犠牲になっていたことでしょう。もっとも、エジプト神話ではセベクは癒しと豊穣の神であり、守護神でもあります。危険なワニであるセベクが崇拝されていたのは、悪魔崇拝者が恐ろしい悪魔を崇拝するのと同じような心理と考えられます。たとえば旧約聖書のヨブ記では、人間を苦しめるのは神の敵対者サタンであり神自身ではありません。神は敬虔なヨブの信仰心を疑うサタンの指摘を受け入れ、ヨブを苦しめて彼の心を試す許可を与えています。善良な神は人を苦しめないのであれば、それを引き受ける悪の神に取り入ればいい。つまり、これはセベクに敬意を表すことで、ワニの餌食になるのを避けるための信仰なのです。

『Kaibyo: The Supernatural Cats of Japan（怪猫：日本の化け猫）』（未訳）という本には、昔の日本には猫を崇拝する習わしがあったという記述がありますが、これは著者の早とちりのようです。確かに、日本には猫にまつわる神社がありますが、そこで猫が神として崇められているわけではありません。猫は日本に入ってきた当時はとても高価で、裕福な家しか飼うことはできませんでした。もちろん当時の日本でも猫はとても可愛がられてはいましたが、さすがに崇拝とまではいきません。やがて日本でも猫の数は増えて、裕福な家や名のある家から脱走した飼い猫が農民の村に住み着くようになります。食べ物を求めて村の家や納屋に入り込んだ猫ははじめのうちは厄介者扱いされましたが、しばらくすると多くの人に受け入れられるようになりました。

そしてこの頃から、日本でも猫にさまざまなイメージが定着していきます。たとえば、ある年齢まで長生きした猫は怪猫《かいびょう》になり、人に化けたり生き血を吸ったりするという迷信が生まれ、高齢の猫に悪いイメージが持たれるようになりました。また、日本の神社には、幸運の象徴（日本では招き猫、中国では招財猫と呼ばれる）として猫を祀っているところや、化け猫や吸血猫を封印していると伝えられているところもあります。猫にまつわる言い伝えの背景にあるのは神道がほとんどで、仏教の方はあまり猫とのつながりがありません。これはお寺の猫はネズミの数を減らして写本を守っていたものの、スプレーで縄張りをマーキングしたり、僧侶の食べ物を盗んだりしていたからかもしれません。仏教徒はあらゆる生命を神聖なものと見なしているイメージがありますが、その神聖さにもレベルがあるようです。

## 仏教、ヒンドゥー教、ジャイナ教での猫

仏教、ヒンドゥー教、ジャイナ教はそれぞれつながりのある宗教ですが、この３つの宗教では猫が崇拝されることがあるという話も聞きます。でもここで問題なのは、これらの宗教では生きとし生けるもののすべてが神聖な存在であるということです。胸の前で両手を合わせて行う「ナマステ」も相手の内なる神性を認める挨拶で、どんな人にも神が宿っていることを表しています。これらの宗教では神性は猫に限らず、どんな生き物にも宿っているのです。少なくともこの３つの宗教の教えでは、寺院にいる猿やネズミなど、ありとあらゆる生命は神聖なものです。もっとも、ネズミはお寺

の写本をはじめ、大切なものをなんでもかじってしまうので困った存在でした。とはいえ、ネズミも神聖な命なのでむやみに殺生をすることはできません。そこでネズミを駆除してくれる猫が重宝されていたのではないかと考えられます。

## 古代エジプトにおける猫の活用術

では、古代エジプトでは猫はどのような存在だったかに目を向けてみましょう。

まず、猫は宮殿や神殿の貯蔵庫の穀物を守るのに役立っていました。エジプトは中東屈指の農業地域でもあったので、穀物を守るという役割はなにより猫の価値を上げることになります。さらに、猫は守護や厄除けなどのスピリチュアルな役割も担っていました。また、呪術や医療といった分野にも貢献していたとされていて、猫の脂肪や毛皮などは当時、その効能こそ疑わしいものの、多くの調剤に使われていたようです。古代エジプトの医学が記されたパピルス文書には、猫の脂肪にはネズミ除けの効果があると書かれています。ほかにも、猫の脂肪は火傷や関節の痛みを和らげたり、白髪を防いだりする効能のある軟膏にも使われていたことがわかっています。

カフーン遺跡を発掘したイギリスのエジプト学者サー・フリンダーズ・ピートリーは、遺跡のほぼすべての住居にネズミに侵食された穴があり、石などを詰めて塞がれていたのを発見しました。また、この遺跡からは陶器製のネズミ捕りも出土しています。当時も穀物などの食料をネズミから守るために猫が飼われていたようですが、猫のいない家はネズミ除けとして猫の脂を使っていた形跡があったそうです。

一方、ネズミも食べられたくはないので、猫と同じように長い年月とともに遺伝子が変化しています。これはある種の軍拡競争と言えるでしょう。進化の過程でネズミは猫の匂いを感知するようになったため、その脂にはネズミ除けとしての効果があったのかもしれません。確かなことはわかりませんが、猫の脂肪にはネズミの被害などの厄を除ける呪術的なエッセンスが含まれていると考えられていた可能性もあります。

また、脂肪だけでなく猫の毛や糞《ふん》にもネズミ除けとしての効果があると考えられていたようですが、食べられるわけにはいかないネズミにとって、それらは近くに天敵がいることを示すサインであることは間違いないでしょう。猫の毛はほかにも、火傷の治療などに使われていたようです。

古代エジプトでは何百年にもわたって「キフィ」という精油がつくられていました。主にお香として使われていたこのキフィはいろいろなハーブや樹脂を混ぜたもので、そのレシピは作り手によってさまざまだったようです。また、キフィは口臭をごまかす用途にも使われていました。古代エジプト人は主にパンを食べていたことが原因で歯が悪い人が多かったようです。風の影響で砂粒を多く含んだパンを食べるのは歯に紙やすりをかけるようなものだったため、歯の表面がすり減って歯槽膿漏や歯茎の腫れ、口臭の原因になったのです。

キフィには「カペット」と呼ばれる変種がありました。これは神や悪魔、死者からの有害な影響を避けるために使われていたもので、そのレシピにはハーブや樹脂だけでなく、ライオン、ワニ、ツバメ、ガゼル、ダチョウ、猫などの排泄物や、サソリの毒、ロバの毛、シノドンティスというナマズのひげ、鹿の角なども含まれていたようです。

じつは、このカペットは近年再評価されています。もしかしたら、これは歴史上初めての抗生物質かもしれないのです。古代エジプト人はこうした精油を使って、当時は厄介な病気だったトラコーマ【訳注／クラミジア・トラコマチスを病原体とする結膜炎】などの目の感染症を治療していました。洗眼には尿を使用し、湿布には泥や土が使われていたそうです。1948年、ウィスコンシン大学の植物生理学教授であるベンジャミン・M・ダガー博士が新薬の〈オーレオマイシン〉を発表したとき、彼はそれがエジプト医学に注目が集まるきっかけになることなどまったく予期していませんでした。

オーレオマイシンはトラコーマの治療に非常に有効で、最新の抗生物質のなかでも驚異の薬でした。そしてその成分は土、それもある埋葬地の近辺の土から抽出されていたというから驚きです。その土壌からはペニシリンの元となるカビと同様に、一部の病害菌を消滅させる効果を持つ真菌が発生していたのです。こうしたカビが代謝産物として産生する抗生物質には、バクテリアの成長を阻害する作用があります。やがて研究によって人体に生息するバクテリアは排泄物を人の便や尿に放出することが明らかになり、そのなかには抗生物質が豊富に含まれていることがわかりました。

古代エジプト人が抗生物質を発見したというのは言い過ぎかもしれませんが、少なくともそれまでは科学的根拠がないと思われていたような医薬にも目が向けられるきっかけになったことは確かです。古代エジプト人が動物の便や尿を使って薬をつくっていたのは、それが病気を引き起こしている悪魔を追い払ってくれるという迷信からだったかもしれません。ところが、そうした処方が偶然にも本当に病気を治したのです。もっとも、古代エジプト人はそこに秘められた効能のメカニズムを知らないわけですから、いつもうまくいっていたわけではなく、新たな感染症を引き起こしたことの方が多かったことでしょう。うまく薬として働くかどうかは偶然にかかっていたのです。とはいえ、特に絶望的な症状にはそうした薬が驚異的な効果を発揮したといいます。そして試行錯誤の末、古代エジプト人は適切な使用方法を確立しました。古代エジプト医学について記されているパピルス文書のなかでもっとも古い『エーベルス・パピルス』だけでも、人の便と尿を重要な成分とする55種類もの外用薬と内服薬が紹介されています。
また、古代エジプト人にとっては、潤いのあるしなやかな肌を保つのは重要な課題だったようです。肌のしなやかさを保つために、古代エジプト人はさまざまな種類の軟膏を使用していました。そのひとつは、シャッドフィッシュという魚の魚肉とハチミツをビールの酵母で練ったもの。また、薬というよりも化粧のための、インクと鉱物の辰砂《しんしゃ》、山羊の脂肪にハチミツを混ぜた軟膏もありました。ほかにも、ロバの糞にケシの果実酒の酵母、山羊の脂肪、レタス、タマネギ、豆、ホワイトオイルを混ぜた軟膏もあったようです。

エジプトを離れて、少し日本についてお話しします。日本では、猫の皮を使って三味線という楽器がつくられています。これは楽器のつくり方としては世界的に見てもとりわけ珍しいものでも、斬新なものでもありません。伝統的なアメリカのバンジョーは山羊や子牛の皮を張ってつくられていますし、モロッコのシンティルという弦楽器にはラクダの皮が使われています。

三味線は伸ばした猫の皮を貼ることで、独特な音色と響きが生まれます。現代でも三味線には猫の皮が使われていますが、これが日本の人々の間でジレンマを引き起こしています。現代の日本では可愛いペットとしてのイメージが強い猫が、楽器をつくるために殺されていることに抵抗が生まれているのです。三味線職人たちは合皮やカンガルーの皮などの代わりの素材を試しましたが、やはり三味線特有の音色を出せるのは猫の皮だけだと認めざるを得ませんでした。

猫を神のように崇拝していた文化があったのかどうか、読者のみなさんも改めて考えてみていただけたら幸いです。猫の肉や脂肪、皮を手に入れるには、猫を殺す必要があります。神の皮を楽器に使おうとか、神の脂を精油に使おうなんてだれが考えるでしょうか？

# 第5章 猫はなぜスピリチュアルなのか

人間が猫のスピリチュアルな性質に注目するようになったのはいつ頃からなのでしょうか？　それを知るためには、私たちの遠い祖先の時代にまで遡る必要があります。

## 猫に関する古代の文書

古代メソポタミアの伝承に見られる女性の悪霊リリートゥは、ユダヤの伝承にもリリスという名で登場します。このリリスという悪霊は猫やガチョウなどの動物の姿で現れて男児に害を与えると伝えられていました。16世紀には、乳児が寝ている間に笑ったらそれはリリスが遊んでいる証拠で、鼻を叩いて起こさなければならないと信じられていたそうです。

『タルムード』と呼ばれるユダヤ教徒の聖典には、猫には不思議な力があり、人間には見えない悪魔を見ることができると記されています。また、人間がその力を得る方法として、生産したばかりの雌猫の胎盤を燃やし、その灰を目にふりかけると悪魔が見えるようになるという言い伝えもあります。

ヘブライ人の神話では、神が猫にどうやって食べ物を調達しているのかと尋ねたところ、猫は「キッチンの戸を開けっ放しにしている警戒心のない女性から毎日食べ物をもらっている」と答えたそうです。この猫はアダムの最初の妻といわれているリリスとも関係があります。リリスはアダムに夫婦の平等を望みましたが拒否されたため、紅海沿岸に住み着き、夜な夜な眠っている男性のもとに行って戯れ、悪魔を産んだと伝えられています。また、リリスはスペインではラ・ブルーシャと呼ばれ、夜中に子どもの血を吸って殺すといわれています。これは子どもから決して目を離してはならないという教訓として語り継がれているようです。ユダヤ教の伝承には良い猫も悪い猫も登場しますが、犬はどちらかと言うと軽視されています。

一方で、旧約聖書にはライオンにまつわる記述が数多くありますが、猫に関するものはほとんどありません。古代エジプト人にとって猫は貯蔵穀物を守ってくれる存在でしたが、やがて約束の地カナンへと向かいイスラエル人となった人々（おそらく古代エジプト18王朝の王であるアクエンアテンまたはトトメスの信奉者たち）にはその影響が及ばなかったようです。

## イタリアの魔女と黒猫

ユダヤ教の信仰に見られるリリスに話を戻します。私はかなり長い間、トロントのイタリア人コミュニティに伝わる魔術と呪術の信仰について調査を行ってきました。そうした信仰には長い歴史があり、起源はキリスト教の台頭より何千年も前か、少なくとも何百年も前にまで遡ります。

かつての南イタリアの人々の貧しい暮らしと、権力者に対する大きな疑心暗鬼はこのような信仰を持つことにつながりました。医師や医学生がいる家庭を除く多くの人々が医療を敬遠し、病気や怪我、出産など本来なら医師が担当するような問題の大半はファトキエーラ（北イタリアではマギ）と呼ばれる魔女に頼っていました。この男性版のコンチャオーサと呼ばれる人がいたとする説もありますが、私の調査ではそこまではわかりませんでした。ローマに滞在中、私と妻は病院や診療所がとても少ないことに驚きました。一方、薬草店はそこかしこにあり、知識豊富な薬草学者が働いていました。また、障害者の方、つまりどこの国でも見かけるような車椅子に乗っている人たちもあまり見かけないことに気づきました。そのことを現地の人に尋ねると「みんな貧しくて車椅子を買うような余裕なんてないんだ」という答えが返ってきました。医者にかかる経済的余裕がないという事実は、南イタリアでは現代でも貧困が続いているという現状と、古い信仰が根強く残る理由を物語っています。

　ファトキエーラという単語はイタリア語の名詞「ファットゥーラ《呪い》」に由来していて、かつては多くの病気や事故は呪いによるものという迷信がありました。そして呪いはマロッキョと呼ばれる邪眼、つまり悪意を持った人の目から放たれるとされていました。人間には不思議な力があり、だれもが見つめるだけで人を呪うことができると信じられていたのです。特に、妬みは呪いをもたらします。たとえば、小さな子どもに対して「なんて可愛らしい子でしょう」というような言葉を、本来ならそれに続く「ディオ・ベネディクト《神のご加護を》」と付け加えずに口にすることは、その子に妬みの呪いをかけることになるといわれていたそうです。町で見知らぬ人から自分の容姿や持ち物を羨ましがられるのは特に厄介です。なぜなら、その見知らぬ人は魔女かもしれないからです。小さな集団で生きてきた人間には、部外者や面識のない相手に対する猜疑心があります。相手がどんな人なのかもわからないので見知らぬ他人の前では行動を変えるのは当然のことですし、私たちは本能的にだれでも人を欺くことを知っているので必然的に部外者は疑われるのです。

話を戻しましょう。20世紀初頭、トロントでは大勢の石工《いしく》が必要になり、世界中に人手を呼びかけました。それに応じた多くの男たちが南イタリアから移住してトロントで石工として働くようになり、それから1年もすると、彼らはイタリアに残してきた家族もトロントに呼び寄せました。男たちは必要に迫られて英語を学び、医療も含めた現地の生活習慣に溶け込んでいきました。そして彼らの妻たちはトロントでイタリア人のコミュニティをつくり、子どもたちも現地の学校に通い始めます。子どもたちも父親たちと同じように、異文化に足を踏み入れたのです。その一方で、年配の女性たちは祖国イタリアの伝統的なスタイルを守り、その信念や慣習が娘たちに受け継がれることもありました。このトロントへの移住とそこでの法律によってイタリアの魔女ファトキエーラの行動は制限されたため、多くの情報が失われ、次の世代に伝わることはありませんでした。私が知ることができたのは、もともとの信仰や慣習のほんの一部に過ぎません。

トロントのイタリア人コミュニティには魔女のほかに2種類の魔術師がいました。伝統的な癒しの魔術を実践する善の魔術師と、人知れず呪文を唱えて悪行を行う悪の魔術師です。民間伝承によると、魔女たちは悪の魔術師たちの悪行を阻止するため、善の魔術師たちについてイタリアからトロントに来たそうです。故郷イタリアの小さな村とは違って、移民たちはトロントで多くの見知らぬ人たちに囲まれて暮らしていましたが、その多くは自分たちと同じイタリア人でした。やがて彼らはだれが悪い魔女なのかわからず疑心暗鬼になっていきました。黒い服（喪服）を着た老齢の女性は悪い魔女かもしれないから避けた方がいい、という迷信も生まれたほどで、これが魔女は黒い服を着るというイメージの起源かもしれません。

　魔女はときには動物の姿に変身して暗躍すると信じられていました。特に黒猫の姿になることがもっとも多いと伝えられていたようです。そして、トロントのイタリア人コミュニティにもユダヤ教の伝承と同じく、赤ん坊は決してひとりにしてはいけないという教訓がありました。猫がベビーカーに飛び込んで赤ん坊に怪我をさせた、赤ん坊の唇についた乾燥ミルクを舐めて窒息させたという話がたくさんあったようなのです。現代で言うところのＳＩＤＳ（乳幼児突然死症候群）が起きたときには、なにかしらの理由をつけなければ親も納得できないと思います。そのためには猫は都合がよかったのかもしれません。猫にまつわる古代の信仰とカトリック教会が育んだ信仰を紐解くのは難しいですが、中世ヨーロッパで起きた魔女狩りの流行によって、黒猫に対するイメージはさらに悪くなったことは間違いないでしょう。

## スピリチュアルな猫の特性

　ここからは、さまざまな文化圏でスピリチュアルなイメージを持たれている猫の生物学的、行動学的な特徴を紹介したいと思います。すでに紹介したテーマと重複するところもありますが、それぞれ個別に考察していきます。私は、神話や民間伝承には人類最良の友と呼ばれる犬よりも猫の方がよく登場するのはとても興味深いと感じています。ノンフィクション作家のＤ・Ｊ・コンウェイが書いた『The mysterious, magical cat（ミステリアスでマジカルな猫）』（未訳）には、さまざまな文化圏の猫にまつわる神話のリストが載っていますが、ここではその一部を紹介します。

・力

猫はパワフルな動物です。もし猫が人間と同じサイズだったとしたら、私たちよりも遥かに強い生き物でしょう。ヒョウのように、強靭な脚の筋肉で高いところにある木の枝に飛び乗ることができる猫の仲間もいます。南アフリカでは、ヒョウがアウストラロピテクス（人間のように二足歩行をする絶滅した霊長類）を捕まえて木の上に登ることができた証拠が発見されています。木の上はライオンや体重の重いほかの捕食動物は登ることができず、枝や葉がタカなどの目からも守ってくれる場所です。

ネコ科動物の力とその獰猛《どうもう》さは、エジプト神話の女神セクメトにも表されています。この殺戮の女神はライオンの頭を持つ女性の姿で描かれますが、ライオンはエジプトの歴史が始まった頃にもっとも一般的に見られたネコ科動物です。ライオンの頭を持つ姿で描かれるのは、セクメトの力と獰猛さの象徴としてライオンが引き合いに出されているのです。ライオンの頭を持つ神と言えばセクメトのほかにも、戦いの神マヘスと湿気の女神テフヌトがいます。

日本には猫の不思議な力にまつわる伝承のひとつとして、薄雲《うすぐも》という芸者のこんな話があります。

〝ある晩、芸者の薄雲が風呂場に行こうとすると、猫が着物の裾をくわえて引っ張り始めた。薄雲は着物を台無しにはされては困ると人を呼んだところ、主人と奉公人が駆けつけて猫を引き離そうとしたが、どうしても離れようとしない。猫が恐ろしい形相で唸りながら着物の裾を引っ張るので、主人はこの猫はきっと狂ってしまったのだと思い、しかたなく脇差でその首を切り落とした。すると猫の頭は床を転がって風呂場に入り、暗がりに潜んでいたヘビに喰らいついた。そこでようやく薄雲は、猫は自分をヘビから守ろうとしていたのだと気づいた。薄雲は後にこの猫を偲《しの》んで、前足を上げた猫の像をつくらせた〟

この猫はとても強い意志を持ち、首を切り落とされてもなお薄雲を守るためにヘビに噛みつきました。ちなみに、ヘビは文化によって善と悪の両方のイメージを持たれています。たとえば、ツタンカーメンのマスクの額にもある鎌首を持ち上げたコブラは蛇形記章《ウラエウス》と呼ばれ、王権や神性を象徴しています。もちろんコブラには悪いイメージもあり、スピッティング・コブラというエジプト固有の黒いコブラなどは害獣として忌み嫌われています。そんなコブラの天敵と言えばマングースが有名ですが、エジプトでは猫もコブラを退治しています。

猫とヘビには、どちらも敵を「シャー」という音で威嚇するという共通点もありますが、じつは、これは獲物に対してはしない行為なのです。では、なぜ敵にだけこの音を出すのでしょうか？　それは、敵との戦いでは勝ったとしても重傷を負うことがあるからです。威嚇音を出すのには、できるだけ争いを避けるために相手を追い払うという意図があります。これは平和的に共存することを理想としているようにも思えますが、猫とヘビの場合は少し異なります。猫は肉食動物であり、肉食動物にとってヘビは代表的な食べ物のひとつなのです。また、猫は明るい場所ではヘビと同じように瞳孔が細長く縮みますが、同じネコ科動物でもライオンやトラの瞳孔は私たち人間と同じ丸い形をしています。

・鋭い聴覚と保護本能

猫はネズミなどの小さな生き物が動く音も聞き逃さない鋭い聴覚を持っています。その可聴域はとても広く、約45～6万4０００ヘルツといわれるほどです。これは動物界でもっとも広い可聴域のひとつでもあります。猫は低周波数の聴覚を犠牲にすることなく、この高周波数の聴覚を持つまでに進化しました。この猫の聴覚を、約20～2万3０００ヘルツの音を聞き取ることができる人間の耳と比較してみましょう。ほとんどの人はネズミの足音（約5万ヘルツ）を聞き取ることはできませんが、猫の聴覚はそれだけでなく、遠くにいる人間の足音までとらえることができるのです。我が家は建物の東と西にキャティオがあり、南には大きな窓があるのですが、見知らぬ動物や人が庭に入ってくると猫たちは家のなかから外の物音を追跡します。

暗闇も見通すことができる視覚や鋭い聴覚とともに、猫には身を隠すことができる暗くて狭い場所を探して眠るという習性があります。また、我が家の猫たちはドアの近くでミニチュアのスフィンクスのように座っていたり、寝そべっていることがよくあります。これはほかの猫の出入りを察知するためだと思いますが、そんな猫の姿を見ていると、まるで部屋のなかにいる仲間たちを守っているかのような印象を受けます。いずれにしても、自然界ではこうした警戒能力が生存のための大きな役割を担っているのです。

世界に目を向ければ、土地の守護者として祀られている猫もいます。たとえば、中国にはウォーリア・ネットと呼ばれる人面猫の伝承があり、この猫は人間のような顔をしていて、体にはヒョウに似た斑点模様があり、腰回りが小さくて歯は白く、耳に耳飾りをしているといわれています。この奇妙な人面猫は中国の緑腰山を護っていて、翡翠の鈴がチリンチリンと鳴るような音を出すそうです。そして不思議なことに、特に女の子を授かりたいと願う妊娠中の女性観光客に子宝をもたらしてくれると伝えられています。この猫と同じように、エジプト神話には土地の守護者である女神セクメトや豊穣を司る女神バステトがいます。セクメトはライオンの頭を持つ女神、バステトは猫の女神ですが、古代エジプトではライオンの脅威が減少するにつれてバステトの人気が高まりました。紀元前１５７０年〜１０６９年頃の新王国時代には猫も神話のテーマに用いられるようになり、そこには猫と人間との絆や多くの子どもを産み育てるという猫の特徴が取り入れられました。

猫ではありませんが、同じネコ科動物のトラが人を守ったという例もあります。２００３年にラスベガスのホテルで行われたショーで、人気エンターテイナーのジークフリート＆ロイのパフォーマンス中にホワイト・タイガーのマンタコアがロイの首に噛みつき、彼を舞台から引きずり降ろすという事故が起こりました。このトラがなぜそのような行動を取ったかについては、いくつかの説があります。ひとつは、ロイのマンタコアの扱いに問題があったという説。そしてもうひとつは、マンタコアはロイを守ったという説です。じつは、ロイはマンタコアが噛みついて舞台から降ろす直前に脳卒中を起こしていました。ロイは後に、脳卒中を起こした直後にマンタコアがステージから降ろしてくれたおかげで命が救われたと語っています。本当のところは知る由もありませんが、私はふたつ目の説が好きです。我が家の猫たちも確かに私たち家族を守っているような行動を取ることがあります。廊下を歩いていると前を先導したり、用を足すまで辛抱強くトイレの前でギザのスフィンクスのように座って見張っていたり、書斎のガラス引き戸の前で帰りを待っていたりする我が家の猫たちを見るたびに、きっと私を守っているつもりなのだろうと微笑ましくなります。

・多産

エジプト神話に登場するバステトは、豊穣を司る猫の女神です。バステトはジャングルキャットやリビアヤマネコのような猫の頭を持つ姿、ときには体全体も猫の姿で描かれます。多産は猫の特徴のひとつで、1回の出産で2匹から8匹の子猫を産み、1年に5回も出産することもあります。また、母猫は子どもをとても大切にします。古代エジプト人は猫をエジプトから持ち出すことを禁じていたという説があり、猫が豊穣の象徴としてもネズミを駆除する存在としても大切にされていたことが窺えます。もっとも、猫の繁殖スピードは非常に速いので、実際にエジプトから出さないようにすることは不可能です。エジプトの貿易船にネズミ駆除のための猫が何匹もいれば、あっという間に繁殖してしまうでしょう。実際には、エジプト人は交易相手の外国人に猫を売ったり、譲渡したりしていた可能性が高いと考えられています。

日本など一部の文化圏では猫は非常に珍重されましたが、それはまだ猫が希少で、裕福な家しか飼うことができなかったからです。やがてその繁殖力の高さから希少価値はなくなり、日本でも多くの人が猫を飼えるようになりました。

・暗視能力

猫には高い暗視能力がありますが、全く光のない暗闇でも見えるわけではありません。それでも、目の奥の網膜にある視細胞である桿体《かんたい》の密度は人間の約3倍もあるそうです。桿体は光受容細胞のなかでもっとも感度が高く、夜間のわずかな光でも感知することができます。この猫の暗視能力は突然変異によるものではなく、おそらく現代の猫の祖先の時代から徐々に進化していったと考えられます。逆に、猫には日中の明るい場所で色を認識する錐体《すいたい》細胞の数が人間よりも少ないという特徴もあります。猫は夜の捕食者であり、獲物を狩るのに色の識別は必要ないのです。また、猫の網膜の奥には脈絡層《みゃくらくそう》タペタムと呼ばれる構造があります。これは光子を外側に投射する反射層で、視覚色素が最初に見逃した光子をキャッチできるようになっています。猫の目が暗闇で光るのはこの反射層があるためで、光っているのは反射している光子なのです。私は毎晩、夜のルーティーンとして敷地にある外猫用の水飲み場などを確認して回りますが、その際によく光を放つ猫たちの目が見えます。まるで光り輝く球体が宙に浮遊しているようなその目が、私の一挙手一投足を追ってくるのです。外の猫たちはまるでカウンティングクー【訳注／アメリカ先住民の文化で、戦士が自分の勇敢さを示すために敵をクースティックと呼ばれる棒や素手で触れてから逃げること】のように、小道の端で私を待ち伏せして、前足で私の足にちょんと触れることさえあります。大昔は猫の光る目は必ずしも神聖なものと見なされていたわけではなく、文化によっては不吉なものとされていました。現代でも、映画などで猫の光る目が未知の不気味な世界や危険の暗示として使われることがあります。同じく高い暗視能力を持つオオカミも、しばしばネガティブな事柄と結び付けられます。特にヨーロッパではオオカミはいまも昔もとても恐れられていて、その恐ろしさは民間伝承や神話のなかでも表されています。稀にオオカミに人間が殺されることがあるのも事実ですが『オオカミよ、なげくな』（紀伊國屋書店）の著者である作家のファーレイ・モウワットによると、彼が調査したカナダのオオカミは飼い猫と同じようにネズミを食べることもあったそうです。

・隠密性、狡猾さ、賢さ

猫はとても静かに移動することができ、不意に現れたり、気づくと姿を消していたりすることもよくあります。そんな隠密行動を可能にしているのが、クッションの役割を果たす足の裏の毛です。さらに、この毛は近くの獲物が歩くときの地面の振動まで感知することができます。

また、被毛の色や模様で自然のなかにカモフラージュする猫もいます。我が家のシドはノルウェージャン・フォレスト・キャットで、白とグレーの混じった長毛です。そんなシドの姿は岩と白い雪の景色のなかでは目立たないので、静かに身を潜めてウサギが近づいてくるのを待つことができるのです。シドのことを少し紹介しておくと、彼はちょっと変わり者の猫です。私と妻のケイティのそばにいたがるくせに触られるのは好きではなかったり、ほかの猫に寛容だったり、ほとんど鳴かなかったりします。それから、私たち夫婦とはたまに一緒に遊ぶものの、ほかの猫とはまったく遊びません。シドは我が家で一番の脱走猫でもあるので、私たちは彼が夜中にこっそり抜け出さないようにいつも細心の注意を払っています。また、シドは私の妻にとても懐いています。私たちは生後2週間ほどでシドを我が家に迎え入れ、それから数週間は腕に抱きかかえて哺乳瓶でミルクをあげたり、話しかけたりして愛情を注ぎました。シドは野生の面影がある猫で、最近になってようやく人に慣れたものの、一匹狼でほかの子たちとはまったく違うのです。

話を戻しましょう。猫の隠密性は賢さの表れでもあります。というのも、隠密行動には獲物を追跡するため、あるいはほかの動物の獲物にならないようにするための知恵とそれを活用する賢さが必要なのです。イソップ寓話の『猫と狐』では、猫と狐が生きるための知恵について話をしているところに、猟師が犬を連れてやってきます。猫は素早く木に登って犬から逃れましたが、百の知恵があると豪語していた狐の方はあっけなく犬に捕まってしまいます。この話の教訓は、だれしも自分が思っているほど器用ではないということです。

賢さが命を守ることをテーマにした寓話には、ロシアに伝わる『バーバ・ヤーガと勇敢な若者』というこんなお話もあります。

〝むかしむかしあるところに、森のなかで猫と暮らすひとりの若者がいました。ある日、若者は猫から、家にやって来てドアをノックする女に気をつけろと警告されます。もし女がやって来ても決して口を利くなというのです。ところがいざその女がやって来ると、若者は我慢できずに話してしまい、バーバ・ヤーガというその女の家に連れて行かれてしまいました。そこは人の骨でつくられた柵に囲まれた家でした。

家に着くと、バーバ・ヤーガは扉を開けて若者をキッチンの床に放り投げ、ふたりの娘に「こいつを料理しておきな。あたしはじきに戻るから」と言ってまた出掛けていきました。

娘のひとりが大きな煎り鍋を取り出して、大声で若者に言いました。「すぐに料理しなくちゃ！　かあさんが帰ってくるまでに夕食ができてないと怒られるわ！」

娘は若者を乗せた鍋をオーブンに入れようとしましたが、若者が立ち上がったので頭がつっかえて入りません。「しゃがむなり何なりしなさいよ」と娘は言います。

「そんなこと言われても」若者は言いました。「こんなの初めてだから。まずはきみがお手本を見せておくれよ」

「わかったわ。じゃあそこから降りて」

若者が鍋から降りると、娘は鍋のなかに入ってしゃがんでみせます。その瞬間、若者は鍋をオーブンに押し込みました。

騒ぎを聞きつけたもうひとりの娘がキッチンにやってきて、驚きのあまりこう言いました。「妹になにをしたの？　そんなことしたら、かあさんが怒るわよ！」

娘は料理された妹を鍋から出して、若者に鍋に入れと指差します。そして鍋をオーブンに入れようとしますが、若者の頭がつっかえて入りません。「しゃがむなり何なりしなさいよ」

バーバ・ヤーガが戻ってくると、ふたりの娘が料理されてキッチンの床に倒れていました。バーバ・ヤーガは真っ赤になって怒り、こう言いました。「娘に頼まずにあたしがやるべきだったわ。さあ、鍋にお入り。言うことを聞くんだよ！」でも、ふたりの娘たちのときと同じように、若者はオーブンに入りませんでした。「こんなの初めてだから、まずはお手本を見せてもらわないと」

若者がそう言うと、バーバ・ヤーガは鍋に入ってしゃがんでみせます。そしてその瞬間、若者は鍋をオーブンに押し込みました〟

私が子どもの頃にジェシー叔母さんが話してくれたこのロシアの民話には、ほかにもたくさんのバリエーションがあります。叔母は小学校の教師だったので生徒にはもっと道徳的なおとぎ話を紹介していたのかもしれませんが、私にはオリジナルのままの民話をいろいろと話して聞かせてくれました。もしかしたら、叔母は私になにかを伝えようとしていたのかもしれません。特に私のお気に入りだったのはシンデレラの義姉妹がカラスに目をくりぬかれてしまうお話で、私は子どもながらに、それも当然の報いだと溜飲が下がる思いになったのを覚えています。私はカラスが好きで、何年か前にアメリカ先住民オジブワ族のシャーマンの儀式に参加し、カラスの精霊を守護神として授かっています。この精霊は中国神話に登場する三足烏《さんそくう》という名のカラスで、太陽を天の木（世界軸）の頂上に運ぶといわれています。

ところで『バーバ・ヤーガと勇敢な若者』の物語にはどんな意味が込められていると思いますか？　個人に重きを置くヨーロッパの文化では、自分の意思をしっかり持ち、だれかに教えられなくても自分がなにをすべきかわかっていることが大切だと考えられています。中東の国々の考え方はそれとは正反対で、権威のある人になにをすべきかを教えられ、それに従うことが正しいとされています。この違いはどこから来たのでしょうか？　古代のヨーロッパで暮らす狩猟採集民の人々にとっては、自分の勇気と力を周りに示すのは大切なことでした。だれもが鹿や危険なイノシシを仕留めることができるわけではありません。ドラマ『ゲーム・オブ・スローンズ』を観たことがある方ならイノシシの危険さがわかるはずです。一方、中東にはヨーロッパより何千年も前から農業コミュニティがありました。だれでも畑を耕し、イチジクを摘むことができるため、個人の重要性は最小限に抑えられていたのです。ユダヤ教、キリスト教、イスラム教は農業を基盤とした社会で生まれたので、これらの一神教の教えでは個人は神や支配者に従う存在なのです。

『バーバ・ヤーガと勇敢な若者』の物語の教訓はシンプルで、トラブルから自分の身を守れるように知恵を身につけることが重要だというメッセージが込められています。

また、この物語では、若者に注意を促す知恵の象徴として猫が登場しています。

・福を招く

日本には福を呼ぶとされる招き猫という猫の置物があります。そのルーツは先ほど紹介した薄雲の話に登場する猫という説もあり、日本だけでなく中国でも有名です。招き猫は17世紀にまで遡る歴史があり、特に商売やギャンブルの運を呼び寄せるそうです。中国語では招き猫のことを招財猫と呼びますが、私が中国に長期滞在していたときはタクシーの車内やレストランなど、いたるところで招財猫を見かけました。特に北京滞在中はよくタクシーを利用しましたが、どの車にも、しかも何個も招財猫のストラップがぶら下がっていました。私たちの中国の旅の目的は、南部の先住民である丘陵部族たちの集落を訪ねることでした。季節は12月の雨季で、私と妻は運転手付きのバスを借りて丘陵地帯へ向かったのですが、そのバスのダッシュボードにもたくさんの招財猫がぶら下げられていました。その数は8つで、中国では8は縁起の良い数字とされています。なぜこんなに招財猫がたくさんあるのか不思議に思いましたが、その理由はすぐにわかりました。

その数日前から、私たちはタクシーを利用してさまざまな寺院や万里の長城などを観光していました。当時は西洋人の観光客は中国で車を運転しない方がいいと聞いていたのですが、その理由は最初にタクシーに乗ったときにわかりました。欧米諸国では、車を運転する際には明確に定められた交通ルールに従います。むやみに車線変更をしたり、右側車線で追い越しをしたりする人はほとんどいません。一方、あくまで私の印象ですが、北京の人たちの車の運転はもっと感覚的なのです。簡単に言えば、北京では車と車の間を縫うように走行するのが一般的なようでした。だれもが右や左に車線変更を繰り返し、目的地まで縦横無尽に走行します。特に印象的だったのは、ダッシュボードに３体の大きな招財猫をぶら下げているタクシーでした。当時の中国のタクシーはアメリカと比べてずっと小さいので、乗客は体を寄せ合って座らなければならず、ジグザクに走行する車のダッシュボードでは３体の招財猫が前後に揺れていました。

先ほどのバスの話に戻りましょう。私たちは中国で毎日タクシーやバスを利用していたこともあって、この国の交通事情にはもう慣れたつもりでいました。もっとも、李川の西側にある南部は広い道路が多いので多少は違うだろうと思っていましたが、そんなことはありませんでした。北京の道路は交通の流れがそれほど速くないため、接触事故はときどき発生するものの、死亡につながるような大きな事故はあまり起こりません。でも、私たちの乗ったバスの運転手の運転は常軌を逸していました。私はこのバスに乗ってわずか数分で、これまでの人生が走馬灯のように頭のなかを駆け巡ったのを覚えています。風雨にさらされながら狭い道路を走っていると、あるとき突然、バスの前に大きな岩が転がり落ちてきました。運転手はバスをスリップさせながらもなんとか岩を避け、高い崖の上にある道路の端ギリギリのところを走行しました。座席にはシートベルトは付いておらず、私と妻は前の座席の背もたれに付いているバーをしっかりと握りしめながら、ダッシュボードにぶら下がっている招財猫のように体を揺らしていました。そのとき、私はこの運転手は招財猫がバスを守ってくれると信じ切っているのではないだろうかと思いました。結局、私たちは無事に目的地に到着して宿泊先に帰ることができたので、もしかしたら招財猫をたくさん持っていれば本当に守られるのかもしれません。

追記として、このバスの旅では素晴らしい人々との出会いもあり、怖い思いをした価値は十分にありました。彼らは写真や絵で見るような美しい棚田《たなだ》がそこかしこにある丘陵で暮らす人々で、私と妻が村まで歩いて行くと大勢で出迎えてくれました。そして私たちを家に上げて、お茶を出してもてなしてくれたのです。やがて帰る時間になり、妻が村から続く小道を見て「歩いて戻れるかしら。不安だわ……」と呟くと、年配の女性のひとりが妻に近づいてそっと腕を取り、帰り道を案内してくれました。そのときはうっすらと霧がかかっていて小道はかなり滑りやすくなっていたのですが、妻は身長が140センチほどしかないこの女性の足腰の強さに衝撃を受けたようです（妻は170センチほどあります）。私はふたりの後ろを少し離れて歩いたので、丘の斜面からの景色をじっくりと楽しむことができました。このときはまだ招財猫を持っていませんでしたが、もちろん、おみやげにいくつか買っています。

中国人は賭け事が大好きな人が多いらしく、それも招財猫の人気の理由なのだそうです。中国では賭け事にそこまで悪いイメージはなく、賭け事をすることはお金が回るのに役立ち、一時的に失ったお金も結局は巡り巡って戻ってくるという考え方のようです。

中国では興味深い迷信をいくつも見聞きしました。たとえば、中国ではお椀のなかに箸を立てたままにするのは不吉なこととされています。私が食事の際にお椀に箸を入れたままにしていると、現地ガイドのジョージがお椀の縁に水平に置き直しました。彼の説明では、それは葬式でお香が香炉に立てられたところを連想させるので縁起が悪いのだそうです。また、4という数字も不吉な数とされていて、私たちが滞在したホテルには4階がありませんでした。これはアメリカでは13が不吉な数とされていて、13階がないホテルが多いのと同じです。中国人が4という数字を避けるのは、中国語で四という数字は「スー」、死は「スゥ」と発音され、同じように聞こえるからだといいます。言葉には力があり、ときには死を引きつけてしまうこともあると考えられているのです。

中国では寺院や家屋の玄関には衝立《ついたて》や屏風《びょうぶ》が置かれていて、部屋に上がる際にはその脇を通らなければなりません。これは邪悪な霊は真っ直ぐに入ってくるので、このような障壁を置くことで侵入を防ぐことができると信じられているからです。また、玄関に敷居を設けることは、邪悪な霊がなかに侵入するのを防ぐだけでなく、来訪者はそこでお辞儀をするという意味があります。敷居をまたぐ際には、足が敷居に触れると不運を招くとされているので、下を向いて歩くのが最善策です。

・鳴き声とゴロゴロと喉を鳴らす音

よく懐いている猫は話しかけると鳴き声で返事をしてくれることがありますが、これは猫同士には見られない行動です。もし猫にテレパシー能力があるのなら話は変わってきますが、猫同士が会話をするのはかなり稀なことです。ネコ科動物のなかでも猫はもっともよく鳴くようですが、これはおそらく猫が人間との関係を築くために取り始めた行動です。猫が生きて行くには人間と共存する必要があり、そのために取った行動のひとつが人間を真似て声で返事をすることだったのでしょう。

猫はいろいろな鳴き声を出せますが、ライオンのように咆哮することはできません。その理由は、舌骨《ぜっこつ》という小さな骨の位置と性質に関係があります。猫の場合、舌骨は頭蓋骨のすぐ下に位置しているので硬く柔軟性がありません。一方、ライオンの舌骨は喉の奥にあるため柔軟で、その振動が独特な咆哮を生み出しているのです。

研究者によると、猫はほかのどのネコ科動物よりも、さらには近縁種であるリビアヤマネコよりもたくさんの鳴き声のレパートリーを持っているそうです。野生動物は大きな音を立てると敵を引き寄せてしまうことになりますが、猫は人間と交流するためにいろいろな鳴き声を身につけてきたのでしょう。我が家の外猫は私たちがキャットフードを持って行ったとき以外はあまり鳴きません。考えてみれば、猫たちは野生で暮らすことと人間と一緒に暮らすことの違いを認識しなければ生きていけないのです。だからこそ、猫たちはそれぞれの環境で生き残るために必要なコミュニケーションの違いをはっきりと理解しているはずです。人間と一緒に暮らすためには、猫は人間に意思を伝える手段を持っていなければなりません。そのコミュニケーション・ツールのひとつが鳴くことなのです。すべての猫が同じぐらい、そして同じように鳴くわけではありませんし、人間と暮らしていてもまったく鳴かない猫もいます。現在、我が家の猫のなかでもっともよく鳴くのはメインクーンのスパイクで、一番鳴かないのはノルウェージャン・フォレスト・キャットのシドです。スパイクは常に私がどこにいるのか把握しておきたいようで、私が返事をしたり、撫でたり、書斎に入れるまで鳴き続けます（おそらく分離不安症なのだと思います）。私は間違いなくスパイクの行動を助長してしまっていると思いますが、猫によって話しかけたときの反応はさまざまです。つまり、猫にもそれぞれの性格に明らかな違いがあるのです。猫の鳴き方については、詳しく解説した書籍やウェブサイトも数多くあります。

猫などの動物が人間の話す言葉のような音声を出すことができないのには、生理学上の問題があります。たとえば、猫には柔軟に動かせる唇がありません。言葉を話すには、唇がないと特定の音を出すことができないのです。

私が猫と暮らして感じたのは、猫が鳴くのは人間がそばにいるとき、撫でられたりブラッシングされたりしているとき、膝の上に乗ってくつろいでいるときが多いということです。つまり、鳴くのは心地良さや愛情の表れとも言えます。とはいえ、なんらかの病気で鳴いているケースもありますし、鳴くことでストレスを解消していることもあるので注意が必要です。

・宙を見つめる

猫はなにもない空間をじっと見つめることがあります。もしかしたら、飛んでいる小さな虫や埃を見ているだけかもしれません。でも、ほかにもいくつか可能性があります。まずひとつは、虫や埃などではなく、実際に私たち人間の目には見えないものを見ている可能性です。もしかすると、私たちの次元に急に飛び込んできたなにか、たとえば霊やエネルギーが猫たちには見えているのかもしれません。そしてもうひとつの解釈は、白昼夢を見たり瞑想したりするときのように、猫の意識がどこか別の場所に行っているというものです。宙を見つめるのは猫の不思議な行動の代表格と言えるでしょう。

もうひとつのよくある猫の不思議な行動は、まるでギザのスフィンクスのようなポーズで見張り番でもしているかのように座ることです。我が家では猫たちが活発な午前中、私が洗面所にいるとスパイクが入り口に座り、ほかの猫が入ってくるのを前足で邪魔して防ぎます。でも、ほかの猫が来ないときは静かに廊下を見つめて座っているのです。その姿はまるで瞑想にでも入っているように感じられます。

・追跡する

猫は高い動体視力を持っていて、飛んでいる虫をずっと目で追うことができます。私たち人間も飛んでいるハエを見ることはできますが、ずっと目で追うとなると困難です。我が家の猫たちは、窓からハエや蚊などの小さな虫が入ってくるとすぐに捕まえに行きます。私がいつも感心するのは、猫たちが飛んでいる虫を見て追いかけるその身体能力の高さです。でも、猫は犬や人間と違って連携を取ることはなくお互いに邪魔し合うので、群れで狩りをするのは得意ではありません。我が家の３匹の茶トラのうち、小柄なネイトが前足でハエを叩くのを見たことがありますが、殺したりはしませんでした。もう１匹の茶トラのシャーベットも小さなブヨを長い時間をかけて追い回したことがありましたが、やはり捕まえて殺すところは見たことがありません。どうやら猫にとってこうした小さな虫は狩猟本能を刺激するものの、食べ物ではないようです。また、猫は鳥を追跡して仕留めることも十分可能です。なにかをじっと見つめることと追跡することは、生存のために獲物のわずかな動きを察知して捕まえるための猫の本能なのです。

・アクロバティックな動きができる身体能力

猫はアクロバットの達人です。木の上で狩りをするには高い身体能力が不可欠ですし、体のバランス感覚を支えている内耳によって、高いところから落ちた場合でもマイクロ秒単位でくるりと体の向きを変えることができます。だから猫は意識を失わない限り、必ず足から着地することができるのです。でも、さすがに10メートル以上の高さからの転落は猫にとっても命取りです。高い木の上での狩りはとても危険なため、猫は生き延びるためにさまざまな身体機能を進化させてきました。

・成猫になっても子猫の特徴が残る

『The Behaviour of the Domestic Cat（イエネコたちの行動）』（未訳）という本では、

３名の著者がこう述べています。

〝行動学的な観点から見ると、おそらく猫はほかのどの動物よりも家畜化の影響が少ないと言えるだろう。人間と暮らすようになったことで生じた変化は以下の３点。⑴脳の縮小。⑵ホルモンバランスの変化。⑶幼形成熟《ネオテニー》、つまり成猫になってからも子猫の行動特性が残る〟

猫は成猫になっても子猫の頃の特徴が残ります。犬のように子犬の頃特有の行動が成犬になると影を潜めることはないのです。専門家によると、犬と比べると猫の行動特性は不完全なものなのだそうです。こうした点でも、猫は不思議な生き物と言えるかもしれません。とはいえ、猫にもそれぞれに個性があり、猫によって行動パターンも能力も異なります。これは人間も同じですし、当然と言えば当然です。

・よく眠る

猫は1日に平均で16〜17時間も眠ります。また、猫の睡眠習慣には柔軟性があるので、飼い主の就寝時間に合わせて眠ることもよくあります。英語で仮眠やうたた寝という意味の「Catnap」という言葉の由来は、猫がよく眠ることから来ているという説もあります。我が家の猫たちは、日中は1時間ほど昼寝をして、起きるとほかの猫と遊んだり、鳴き声でおしゃべりをしたり、私に体をこすりつけたり前足で触れたりして自分の存在をアピールします。これは撫でてほしいという合図だったり、最新の獲物である妻のヘアゴムの落ちているところへ私を導く合図だったりします。

ほとんどの哺乳類は眠っているときに夢を見ています。猫も夢を見ますが、それは寝ているときにぴくっと動いたり、前足を動かしたり、口を動かして小さな声で鳴いたりすることからもわかります。でも、猫がいったいどんな夢を見ているのかは謎です。また、猫はデルタ波の脳波が見られる深い眠りにつくことがあります。冬眠中のクマにも同じくデルタ波が見られますが、クマの場合は何週間も何ヶ月も眠り続けます。クマが冬眠するのは食べ物が容易に手に入らない冬の間、エネルギーを温存するためです。猫が毎日数時間も深く眠るのは、クマの冬眠と同様にエネルギーを節約する方法なのかもしれません。

・吐き戻し

吐き戻しは犬にも見られますが、猫は毛玉を吐くことがよくあります。猫は起きている間は毛づくろいに多くの時間を費やしていて、その際に大量の被毛を飲み込んでいます。そのほとんどは消化器官を通過して便と一緒に排出されますが、消化されなかった被毛は口から吐き戻されるのです。そのとき嘔吐物に混じって出てくる未消化の被毛の塊は一般的に毛玉と呼ばれますが、文字通り球状であることはあまりなく、むしろ細長い円筒形であることがほとんどです。

・好奇心旺盛

猫は好奇心旺盛な生き物です。猫が何百万年もの間この世界で生き延びるためには、食べ物を得るためにさまざまな情報を集める必要がありました。猫の好奇心は新しい情報（嗅ぎなれない匂いなど）に注意を向け、用心深く行動することにつながります。我が家では冬の間は玄関にマットを敷いているのですが、冬が来てしばらくぶりにマットを敷いたときは、猫たちはその地面に落ちている見慣れないものを発見すると一旦飛び退き、それから慎重に近づいて前足でマットに触れたり、匂いを嗅いだりします。そしてその後、頭の横をこすりつけて匂いでマーキングするのです。猫の目は近くにあるものはあまりよく見えないので、見慣れないものを調べるときはヒゲを使うこともあります。

また、我が家の猫たちはテーブルの上に飛び乗って置いてあるものを吟味し、遊び道具に選んだひとつを床に落とすこともよくあります。これは子猫時代の習性の名残で、老齢になっても残っているようです。

## 猫の悪いイメージ

愛猫家にとっては悲しいことですが、猫にも悪いイメージがあります。いつの時代も猫に愛情を注ぐ人がいれば、忌み嫌う人もいます。ここではそんな猫の悪いイメージにも目を向けてみましょう。

イソップ寓話集には、猫が重要なキャラクターとして登場する作品が15話ほどあります。そのなかにはギリシャ神話をベースにした『猫とヴィーナス』や、インド発祥の物語を借用した寓話もあります。もっとも、寓話というのは何世紀にもわたって加筆されたり改変されたりするものなので、今日あるイソップ寓話がすべてイソップひとりによる作品というわけではないでしょう。また、イソップ寓話に登場する猫は往々にして知的でずる賢く、自分のために奮闘するという役回りで描かれています。

これらの寓話には、変身して姿を変えるものの無意識のうちに正体が明らかになってしまうというキャラクターがよく登場します。たとえば『猫とヴィーナス』もそのうちのひとつです。この物語を要約すると、ハンサムな若者に恋をした猫がヴィーナスに自分を美しい人間の乙女に変えてくれるよう懇願し、その願いが聞き入れられます。そして美しい乙女になった猫とその若者は結婚しますが、ヴィーナスは人間に変身できても行動は猫のままかもしれないと心配になりました。そこでネズミを放ってみると、乙女はそれを追いかけ始めてしまいます。姿こそ人間になったものの、中身は依然として猫のままだったのです。結局、ヴィーナスは乙女を再び猫の姿に戻しました。この物語の教訓は、どんなに外見が変わっても中身までは変わらないということです。

寓話や神話、民話にはトリックスターと呼ばれる役割のキャラクターがよく登場します。トリックスターは物語のなかで秩序を破り、ストーリーを展開する役割を担っているキャラクターで、いたずら者として描かれるのが定番です。また、物語の重要な秘密を知っていたり、魔法を使ったりして主人公を助ける役回りをすることもあります。だれもが知るトリックスターの猫には、ルイス・キャロルの『不思議の国のアリス』に登場するチェシャ猫が挙げられます。この物語のなかでチェシャ猫は謎かけをしてアリスに大切なことを教えてくれます。ちなみに私は、チェシャ猫はアリスの不思議な夢の世界に住むアリス自身ではないかと思っています。

ヨーロッパに伝わる民話『長靴をはいた猫』に登場する猫もトリックスターの代表格と言えます。この物語のオリジナルは１５５０年頃にイタリアの作家ジョヴァンニ・フランチェスコ・ストラパローラによって書かれたという説もありますが、一般的にはフランスの詩人シャルル・ペローの作品とされています。長靴をはいた猫は多くのトリックスターと同様に知恵を使って奮闘し、物語をハッピーエンドに導きます。

北欧神話に登場するいたずら好きの神ロキもトリックスターとして有名です。ロキは変身術を得意としていて、アブや鮭、雌馬などなんにでも姿を変えるものの、決して猫の姿にはなりません。一般的にロキは神々の間に災いを引き起こすことで知られていますが、同時にその災いを解決する存在でもあります。

エジプト神話なら、兄のオシリスを殺して王位を奪った悪神セトがトリックスター的な存在と言えるでしょう。セトはもともと砂漠の神でしたが、やがて悪神となりました。また、エジプト神話の悪の化身アペプは冥界に住む大蛇として描かれ、宇宙の悪、闇と混沌を象徴しています。社会に蔓延る悪も宇宙に潜む悪も、それを排除することはできません。なぜなら、悪を排除することは善も排除することにつながり、宇宙を構成する対極の概念を崩壊させることになるからです。これから紹介するのは『オシリス・ラウンド』という物語で、これを理解すると古代エジプトの形而上学をざっくりと把握することができます。ちなみに、これはカインとアベルの物語の原型である可能性があるといわれています。

要点を先に説明しておくと、エジプト神話の神であるオシリスは善と豊穣、セトは悪と死、不毛を象徴しています。そしてセクメトは守護、バステトは豊穣と出産を司り、イシスは忠誠と純潔、ネフティスは性を象徴する女神です。また、この物語に登場する72という数字は星の歳差運動と同じです。ある専門家はこの数字にはなんの意味もないと指摘していますが、同じ数字がエジプト、東インド、中国、マヤ、アステカの神話に出てくるのは果たして偶然でしょうか？

そして14という数字は月の満ち欠けの２分の１を表し、生と死と回帰を表しています。それでは、物語を紹介します。

〝ある暗い夜、オシリスの妹であり妻でもあるイシスが宮殿を留守にしていたとき、セトの妹で妻のネフティスがオシリスの寝室に忍び込んで関係を持った。オシリスは眠りこけていてそのことに気づかなかったが、ネフティスはありのままをイシスに伝えた。やがて、ネフティスはジャッカル頭の少年アヌビスをもうけた。それを知ったセトは激怒し、兄であるオシリスを殺して王座を奪うことを決心した。

ある晩、セトはオシリスの寝室に忍び込むと、兄の体を正確に採寸し始めた。オシリスはぐっすりと深い眠りについていたので、セトは気づかれずに目的を果たすことができた。そして持ち帰ったオシリスの体の寸法を王室の棺職人に渡すと、セトはこう告げた。「この寸法で棺を造れ。王国でほかに類を見ない、美しい棺を頼む」

セトの指示を受けた棺職人は工房で仕事に取り組み、極上のレバノン杉と最高の道具を使って非の打ちどころのない美しい棺を造った。正確な寸法に仕上げるのに時間がかかったが、なんとかひと月後の祭事に間に合わせることができた。祭事には大勢の招待客が招かれ、皆が着飾った装いで参加していた。そしてひとしきり盛り上がったところで、セトは美しい棺を皆に披露してこう言い放った。「この棺に体がぴったりと合う者がいたら、その者にこれを進呈しよう！」

さて、招待客のセクメトやネイトたちは次々と棺に入ってみるものの、体がぴったりと収まる者は現れない。やがて周りから促されたオシリスが入ってみると、彼の体は完璧なまでにぴったりと棺に収まった。するとその瞬間、棺の背後にかかっていたカーテンの裏から72人の従者が現れて棺に蓋を載せた。そして14本の青銅の帯を巻いて蓋を固定すると、棺をナイル川に投げ入れ、あっという間にオシリスを溺れさせてしまった。

棺はナイル川をデルタまで下り、やがて地中海にまで流れ着き、最後には嵐によってレバノンの浜辺に打ち上げられた。しばらくすると棺からレバノン杉の根が伸び始め、やがてそこに美しい杉の木が生えた。その杉は素晴らしい芳香を放ち、その地を治める王を魅了した。王はその杉を切り倒して柱に仕立て、宮殿に運び込んでもうすぐ生まれる王子の部屋の中央に立てるように命じた。

一方、イシスは最愛の兄であり夫のオシリスを探しにナイル川を下り、海流を読んでレバノンに辿り着いていた。イシスは偶然出会った３人の若い娘たちから、宮殿の王と王妃の間に王子が生まれるので乳母が必要になることを聞く。オシリスが宮殿のどこかにいることを感じ取っていたイシスは娘たちに礼を言うと、すぐに宮殿に向かった。イシスは乳母として宮殿で歓迎され、すぐに仕事を与えられた。

イシスが王子の部屋に入ると、中央の柱からオシリスの気配が感じられた。イシスはなんとしてでもオシリスをエジプトに連れ帰る必要があった。エジプトの者ならだれしも、異国の地に埋葬されることなど望んでいないからだ。だが、いまは王子の世話をしなければならない。日中、イシスは小指で王子に食べ物を与えて力と知恵を授け、夜には王子を暖炉に入れ、その限りある体を焼き払い不死にする儀式を行った。それが王と王妃の手厚いもてなしに対するイシスの感謝の印だったのだ。そしてイシスはツバメに姿を変えると、オシリスの柱の周りを悲しげに飛び回った。

イシスはこれを幾夜も続けたが、ある晩、突然部屋にやってきた王と王妃が柱の周りでさえずるツバメと、暖炉のなかで燃えている我が子を見てしまう。

イシスは元の姿に戻って事情を説明した後、柱のなかにオシリスがいることを話し、彼を連れて帰る許可を求めた。王の許可は下り、イシスとオシリスの柱は荷船に載せられデルタへ向かった。イシスはデルタの奥深くで柱から棺を彫り出すと、青銅の帯と蓋を外してオシリスの亡骸の上に覆いかぶさり、子を身ごもった。それからしばらくして、イシスはセクメトの守護と、出産を司るバステトに助けられ、光の神ホルスをこの世に誕生させた。

その直後、沼地でイノシシを追っていたセトがオシリスの亡骸を発見する。セトは逆上し、亡骸を14の破片に引き裂いて辺り一面に撒き散らした。イシスはオシリスを再び探し出さなければならず、アヌビスの助けを借りて13の破片を見つけるが、14番目の破片はナイル川に落ちて魚に食べられてしまった。アヌビスはばらばらになったオシリスの体を再び繋ぎ合わせ、冥界へと旅立った。そしてオシリスは上界における豊穣の神から、冥界における死者の審判者となった〟

この物語が猫と一体なんの関係があるのかと思った方も多いと思いますが、ここに登場するセクメトとバステトはどちらもネコ科動物の神々です。祭事に出席し、守護者としてホルスの誕生にも立ち会ったセクメトはライオンの頭を持つ女神、出産や豊穣を司るバステトは猫の女神です。トリックスター的な登場人物はいつの時代の物語にも見られますが、その傍にはいつもその行動を見守りサポートする存在がいます。そして、そうした役回りは猫が担っていることが多いのです。

すでに少し触れましたが、日本の伝承には妖怪と呼ばれる個性的な化け物がたくさん登場します。もしかしたら、一部の妖怪はかつて実在した生き物だったのかもしれません。あるいは壁に映った影を見間違えたり、幻覚だったりした可能性もあります。妖怪は日本各地に伝わる伝承や都市伝説として語られているもので、そのなかには怪《かい》猫《びょう》と呼ばれる猫の妖怪もいます。怪猫の多くは邪悪な存在として語られていますが、さまざまな視点から考察するために、ここで日本と中国のケースを紹介しましょう。

日本では、猫は呪いによって妖怪になり、妖力を持つと信じられていました。一般的には妖怪は悪い化け物とされていて、そのなかには巨大な大きさにまで成長する怪猫もいます。怪猫は巨大な顔に不気味な笑みを浮かべて、ゆっくりと壁を通り抜けて現れたり、再び消えたりするそうです。

かつての日本では、猫には死者や幽霊、特に海の霊を寄せつけない力があるといわれていました。昔の船乗りたちは海には霊が彷徨っていると信じていて、そうした霊から身を守るために船に猫を乗せていたそうです。海の霊は溺れて亡くなった船乗りの悲しい魂で、陸で安らかな眠りにつくために海を彷徨い続けていると考えられていたのです。

猫に良いイメージと悪いイメージの両方があるのと同様に、日本の民話や伝承に登場する妖怪にも良い妖怪と悪い妖怪がいて、ある種の教訓を伝えています。

猫は不思議な生き物ですが、かつての日本ではその不思議さから得体の知れない恐ろしいイメージも持たれていたようです。怪猫を扱った本には次のように書かれています。「愛らしい猫も、かつての日本ではあまり長く飼い続けるのは危険なこととされていました。老猫はある年齢に達すると尻尾が二又に分かれ、二足歩行で歩くようになると伝えられていたのです。妖力を得たその猫は、猫又《ねこまた》という妖怪として生き続けると信じられていました」

ご存じの方も多いと思いますが、日本の妖怪の伝承は猫の妖怪であれ、ほかの妖怪であれ、江戸時代を背景にして語られることがほとんどです。これは江戸時代が日本の文化芸術の黄金時代であっただけでなく、怪談がもてはやされた時代でもあったからで、日本の妖怪のほとんどはこの時期に誕生しています。猫又が生まれたのはほかの不思議な猫たちより5世紀も前のことで、そのルーツはとても深いものです。

猫又は妖術を使って死者を蘇らせて操ったり、まるでゾンビのような存在に変えたりすることができるといわれていました。また、不可解な火災や事故が猫又の仕業として片づけられたこともあったようです。

私がなにより興味深いと感じているのは、日本の民話に登場するほとんどの妖怪がある特定の時期――日本の人々が流動的な社会で見知らぬ他人に囲まれて生活していた時期――に登場していることです。得体の知れないものへの恐怖はその起源を辿ればば古代の肉食動物に行き着きますが、人間社会でも見知らぬ他人から食い物に、されることもあれば、平穏な暮らしを奪われてしまうことだってあるのです。

猫又のほかにも、化け猫と呼ばれる人の生き血を吸う猫の妖怪もいます。この化け猫の伝説で有名なのが鍋島化け猫騒動です。肥前国佐賀藩の二代藩主・鍋島光茂《なべしまみつしげ》には愛人がいて、その愛人の正体が化け猫だったというのがこの伝説の概要です。その愛人は毎晩、衛兵を妖術で眠らせて城内に侵入し、光茂の寝室に忍び込んでいたそうです。光茂は次第に病に伏せるようになり、やがて病状が悪化して死期が近づきました。そんなある日、光茂の忠臣である伊藤惣太《いとうそうた》が見張り役を務めることになります。彼は化け猫の妖術で眠らされないように、自分の太ももに短刀を刺して無理やり目を覚ましていました。その彼の姿を見て、さすがの化け猫も驚いたそうです。それ以来、化け猫は城に近寄らなくなり、数日が経つと光茂は病から回復したといいます。

猫の妖怪にはほかにもバリエーションがあり、火車《かしゃ》もそのひとつです。最初は悪魔に引かれた火の車だった火車の伝承は時代とともに変化し、やがて老いた猫が妖怪に化け、悪行を重ねて死んだ人間の亡骸を奪うという怪談が生まれました。もっとも、火車は妖怪と呼べるものなのか疑問が残ります。なぜなら、火車は地獄で罪人に罰を与える鬼のような、宗教的な存在に近いからです。妖怪は日本の化け物の総称ですが、火車はむしろ悪魔と言えるかもしれません。

日本のアニメでは、猫又や化け猫が抱きしめたくなるような可愛いキャラクターとして描かれることもありますが、火車は恐ろしい妖怪のままです。これはその悪魔的なイメージによるものでしょう。火車に可愛いところなど微塵もないのです。

猫の妖怪の火車が死者の亡骸を奪うという話には、それなりの説得力があるかもしれません。ベトナム戦争に従軍した米軍兵士の多くが、銃撃戦にトラやヒョウが参戦して死者や負傷者をどこかへ引きずって連れ去ったり、夜間パトロールをしている兵士を襲ったりするのを目撃したと報告していて、ネット上にも数多くの体験談があります。戦闘中は銃声などの騒音が発生しますし、負傷者や瀕死者のうめき声が肉食動物の注意を引くことは間違いないでしょう。ネコ科動物は好奇心旺盛で日和見主義者なので、どのようなかたちであれ、新鮮な獲物があればそれを食料にするのは当然のことと言えます。

1969年にカンボジア国境付近にいた米軍兵士が、白と黒の斑点模様以外は被毛がすべて薄緑色のトラの群れを目撃したという話もあります。そのトラたちを前にした米軍の兵士たちは、まるで幻覚でも見ているかのような感覚に陥ったそうです。トラたちは人間を少しも恐れていない様子で、兵士たちとの数分間の睨み合いの末、悠然と立ち去ったといいます。この事例のように、未知の動物に予想外の場所で遭遇するケースが多いことを指摘している専門家もいます。また、ある程度の誇張も含まれているとはいえ、こうした目撃談は奇妙な未確認動物が現代でも世界のどこかに生息している可能性があることを示しています。

火車や化け猫の背景には日本古来の民族宗教である神道がありますが、火車が地獄の審判者のような位置づけで語られるのは、仏教が伝来する遥か以前からアジアに存在していたチベットのボン教という宗教の影響だとする説もあります。

また、大昔の神道では猫は魔性の持ち主とされていて、火車や化け猫、猫又などはこうした信仰から生まれた妖怪ともいわれています。妖怪はネズミほどのものから巨大なものまで大きさはさまざまで、人間のように二足歩行で歩くものもいます。自由自在に姿を現したり消したりできる妖怪もいれば、一般的な猫や、男女問わず人間の姿に変身できるものもいます。そして、ちょっとした悪さをするだけの妖怪もいれば、邪悪なものもいるのです。

日本の民話に伝わる妖怪を扱った本には、化け猫について次のように書かれています。

〝日本の民話には、いたずら好きな化け猫から凶暴な火車まで、さまざまな猫の妖怪が登場します。昔の日本の人々も猫のおとなしくて賢そうな雰囲気や、物音を立てずに忍び寄ったり、さまざまな声で鳴いたりできる能力にどこか神秘的な印象を抱いていたのでしょう。現代の猫と同様に、かつての日本の猫も人々の暮らしのなかで自由気ままに過ごしていたようです。猫は飼い主の膝の上でゴロゴロと喉を鳴らしていたかと思えば、次の瞬間にはネズミを追いかけて走り出したりします。また、猫は人に飼いならされた面と野生のままの面を併せ持ち、都市部でも田舎でも快適に過ごすことができます。つまり、猫は人間界と自然界の両方に属している生き物と言えるのです。そう考えると、日本の妖怪の伝承に猫が登場するのも当然のことなのかもしれません。

江戸期の妖怪絵師である鳥山石燕《とりやませきえん》は、最初の画集で猫又を描いています。石燕の妖怪画の猫又は、二又の尾を持つ猫が頭に手ぬぐいを載せ、家の縁側に二本足で立っています。縁側の下にはおそらく妖怪ではない野良猫の姿があり、家の中には猫又を見つめる飼い猫がいます。石燕による説明はありませんが、これは猫又が人間と動物の世界の狭間にいる存在として描かれているようにも取れます。この絵に説明が添えられていないのは、当時から猫又は一般的によく知られた妖怪だったために解説は不要であったと考えられます。

猫又と同じく猫の妖怪の化け猫は、英語に訳すなら「モンスターキャット」といったところです。もっとも有名な化け猫の話は「鍋島化け猫騒動」で、これは1500年代後半に肥前佐賀藩（現在の佐賀県）で起こった鍋島騒動と呼ばれるお家騒動から発展した物語です。鍋島騒動のいくつかのバージョンはよくある復讐物語ですが、その一方で、人間の女の姿に化けた化け猫を鍋島の家臣が退治するという筋立ての物語があります。おそらくこの物語は元となったお家騒動からずっと後の江戸時代後期に生まれたものと思われますが、扇情的な歌舞伎や狂言の演目、そして木版画の挿絵によって広く知られるようになりました。20世紀になると『秘録怪猫伝』（１９６９年、田中徳三監督）など、この化け猫の物語を元にした映画もいくつか制作されました〟

また、日本の作家の西本鶏介《にしもとけいすけ》はスティーブン・キングの『ペット・セメタリー』とイソップ寓話の『アンドロクレスと獅子』を組み合わせたような作品を書いています。その物語のあらすじも紹介しておきます。

〝あるお屋敷で１匹の猫が飼われていました。その猫は家政婦からはたいそう可愛がられていましたが、奥様からは邪険に扱われていました。じつのところ、奥様は猫などいない方がいいとさえ思っていたのです。そんなある日、奥様の願いが叶って猫がいなくなり、家政婦は悲しみに暮れました。

それから数日後、家政婦は近くのお寺の住職から、遠く離れた島にある大きな旅館でよく似た猫を見かけたと聞きました。家政婦は休暇を願い出て、それが認められると猫を探しに出かけました。島に到着すると、住職から聞いた旅館はそう遠くないところにあることがわかりました。旅館に着いた家政婦が愛猫を探して島に来たことを伝えると、主人は「そうですか。では、あなたも食べられに？」と奇妙なことを言い、彼女を客室の一室に案内しました。するとその客室には、ほんとうに探していた愛猫がいたのです。家政婦はとても喜びましたが、猫から多額の金を渡され、できるだけ早くこの屋敷から離れるように言われてしまいました。

愛猫が無事だったことに安堵したのも束の間、家政婦は悲しい気持ちでお金を受け取り、しぶしぶ島を後にしました。屋敷に戻った家政婦がその出来事を話すと、奥様は自分も猫の世話をしていたのだからと、同じようにお金をもらいに旅館へ向かいました。ところが、奥様は旅館に着くなり、すぐに猫たちに食べられてしまいました〟

この物語の教訓は、日頃から親切に接していれば、たとえ化け猫でもその恩を忘れないということです。そして同時に、そこには猫の善と悪の二面性も描かれています。

中国神話には、日本の猫又に似た讙《かん》という幻獣が登場します。讙は中型の猫のような姿で、ひとつ目で尾が３本あるといわれています。中国には讙の毛皮を手に入れた者は幸運に恵まれるという言い伝えがあり、肉には薬効もあるとされているそうです。

中国神話にはたくさんの幻獣が登場しますが、そのほとんどは丘陵や渓谷、沼地など、特定の地域に棲んでいます。そうした中国の幻獣の多くは中国最古の地理書とされる『山海経《せんがいきょう》』に記述があります。地理書といっても、これは中国の伝説上の地理、植物、生物とその地にまつわる神話や幻獣、珍獣をまとめた事典のような書と言えます。そして興味深いのは、この書に記されている珍獣のいくつかは実在した可能性があるということです。そのひとつが、北京にある紫禁城《しきんじょう》の門を護っている獅子像（フー・ドッグとも呼ばれます）の獅子です。向かって右側の獅子は雄（陽）で、右の前足を鞠に乗せ、皇帝（男性）が世界を支配していることを表しています。左側の獅子は雌（陰）で、左の前足で幼い子獅子をあやしています。雌の獅子は家庭の支配者であり、家のなかで起こるすべてのことを司っています。この2体の獅子の頭にはコブがあり、私の見解ではコブが多いほど力強い獅子なのだと思います。また、どちらの獅子も5本の指に爪がありますが、古代中国では5本の爪を持つ獅子の像を置いたりエンブレムとして衣服に付けたりするのは王と王妃のみに許されていたそうです。

山海経には西王母《せいおうぼ》という女神についての記述もあります。中国神話に登場する西王母は「西方の天界を統べる女王」とされる女神で、上半身は女性の姿ですがヒョウの尾を持ち、その唇の奥にはトラの牙が隠れ、野獣のような遠吠えをあげるといわれています。また、頭には翡翠の頭飾を載せていて、長い髪は乱れているそうです。西王母は災難、疫病、そして人間への罰を司っていて、その野生に近い美しさには、彼女の恐ろしさが表れています。こうした人知を超えた存在には、なにか悪い事が起こったとき、その原因をなにかのせいにして安心したいという人間の心理が投影されているのです。

先ほど紹介した讙は、猫や狐などの動物と人間の想像力が結びついて生まれたものなのかもしれません。讙はほかの動物の声を真似する能力を持つとされていて、それも百種類の動物の鳴き声を出すことができるそうです。讙は悪霊を追い払う力を持っているとか、その肉を食べると黄疸が治るという言い伝えもありますが、それがどこから来たものかを裏付ける有力な証拠はこれまで見つかっていません。また、３本の尻尾にはどんな役割や意味があるのかも謎です。

中国神話には駮《ばく》と呼ばれる馬のような幻獣も登場しますが、山海経にはこれを人が飼い慣らすことができたというこんな記述があります。「駮は純白の体と漆黒の尾を持ち、鼻梁に１本の角が生えている。歯と前脚の爪はトラの牙や爪に似ているが、それほど鋭くはない。太鼓の音のような鳴き声を出すこの生き物は菜食ではなくトラやヒョウを捕食するため、飼い慣らして背に乗ることができればどんな獣も恐れることはない。駮に乗って森を駆け抜ける者には、いかに獰猛な獣であっても近づくことはなかった」

幻獣の背に乗るという発想には、人間がいかに力を欲しているかが表れています。現代のテクノロジーを使えば私たちはさまざまな力を持つことができますが、古代の人々が持っていたのは経験と想像力だけでした。世界中の神話や伝説には、そんな想像力の産物である翼の生えた天馬が登場します。有名なところでは、ギリシャ神話のペガサスやヒンドゥー教のデーヴァダッタなどが挙げられます。また、ハリー・ポッターに登場する天馬「アブラクサン」を思い出した方も多いことでしょう。駁や天馬は乗る人にとって単なる移動手段ではなく、敵から身を守ってくれる存在でもあります。

中国の伝説に登場する諸犍《しょけん》は山に棲む幻獣で、山海経には「その顔は目や鼻などが奇妙な位置にある人間のようで、鼻の穴の上に目がひとつ、牛のような耳の間に小さな口がある。体は巨大なヒョウのようで、被毛にはたくさんの斑点があり、非常に長い尻尾を持つ。走るときにはその尾が地面に付かないように口に咥え、眠るときには体に巻きつける」と書かれています。

このように諸犍は不気味な姿をしていますが、それはおそらくこの幻獣が異界の存在だからでしょう。私たち現代人が宇宙人の姿を想像するのと同じように、古代の人々は異世界の存在を想像して幻獣を描いているのです。

同じく中国の幻獣、奢比屍《しゃひし》はおそらく実在の動物、ライオンがモチーフになっています。山海経には「奢比屍は人間の顔に、獰猛な獅子のような体と尾と爪を持つが、その目は鋭く、鼻の上に角が生え、大きな耳に蛇がぶら下がっている」と説明があります。また、奢比屍は紫禁城の住人を守る中国の龍のモデルである可能性が高いともいわれています。奢比屍はもともと中国神話の神々の一柱で、なんらかの理由で上位の神に殺された後もその魂は滅ぶことなく屍の姿で生き続けたそうです。

山海経に記述されている神や幻獣には、古代の人々が肉食動物や未知の神秘的な存在、外部の人間などに対して抱いた根源的な恐怖が投影されています。ヒョウは十分に恐ろしい存在ですが、さらに恐ろしい生き物が存在していたとしたらどうでしょうか？

## 伝承や神話に登場する猫

実在する確かな証拠がなく、科学的にその存在を裏付けることができない生き物は「未確認動物」と呼ばれています。そうした生き物を研究する未確認動物学の対象には、昔から語り継がれてきた伝説上の生き物も含まれます。実際に絶滅したはずの魚や動物が見つかったという事実がある以上、未確認動物も実在する可能性がゼロとは言えないのです。未確認動物として有名なところでは、イエティ、ビッグフット、ネス湖のネッシー、そして伝説上の生き物ではノルウェー沖に生息するという巨大な海の怪物クラーケンなどが挙げられます。こうした未知の生物の目撃談は北欧から中国、東南アジア、アフリカ、カナダ、そして南米の最南端に至るまで、世界中のあらゆる国にあり、そのなかには猫のような生き物も含まれています。

ケルトには古くから猫の妖精や怪物の伝承があり、ケルト人が猫の力に強い興味を抱いていたことが窺えます。ジェームズ・マッキロップ著の『A Dictionary of Celtic Mythology（ケルト神話辞典）』（未訳）には、ケルト神話に見られる猫についてこう書かれています。

〝家畜化された猫は、犬や野生の大型動物ほどではないにせよ、ケルト人の想像の世界のなかで長い間重要な役割を果たしてきた。ケルト神話に登場するアイルランドの上級王の名である「カルブレ・キンハット」は猫の頭を意味している。ケルトの伝説には、アイルランドやスコットランドのハイランド地方に伝わる妖精猫で猫の王のケット・シーやウェールズの伝承文学（アーサー王伝説）に登場する怪猫キャスパリーグなど、猫の幻獣がよく見られる。アイルランド神話にも、愛と美の女神クリードナが妖精の女王アイベルに呪文をかけて白猫の姿に変える場面がある。スコットランドのシェトランド諸島は、初期のスコットランド・ゲール語の伝承では猫の島として知られていたとされている。同じくスコットランドのハイランド州にある郡のひとつケイスネスは、猫をシンボルとする古代民族にちなんで名づけられたようだ。スコットランドではかつて、猫を生きたまま焼く猫焼きという厄除けのための残忍な儀式が行われていた。アイルランドの民話には、古都キルケニーとアイリッシュタウンの境界線を巡る争いを寓話化したとされるキルケニー・キャットという伝説的なつがいの猫が登場する。この猫たちは双方が尻尾だけになるまで激しく戦い続けたといわれ、それが転じてキルケニー・キャットはお互いに自滅的な敵対関係を表す言葉になった。また、アイルランドには黒猫を幸運の象徴とする伝承も残っている。黒猫の血は炎症などの皮膚疾患を治す効能があると信じられてもいたようだ〟

妖精猫のケット・シーは現代でも有名ですが、スコットランドに住む私の親戚の話では、こうしたケルトの伝承の多くはいまではあまり語られていないそうです。『The World's Creepiest Cat Legends（世界一不気味な猫の伝説）』（未訳）という本から、ケット・シーに関する記述を紹介します。

〝ケルト神話とスコットランドの伝承の両方に登場する妖精猫のケット・シーは、胸に白い斑紋《はんもん》のある大きな黒猫として描かれている。この妖精猫は、スコットランドにのみ生息するケラス猫と呼ばれる猫がモチーフになっているという説もあるようだ。スコットランドのハイランド地方では、ケット・シーは死者の魂を連れ去るなど、邪悪な目的を持っていると信じられていた。毎年サウィン祭（現在ではハロウィンとして祝われる）の日に、ミルクを入れた皿を玄関先に供えた家はケット・シーに祝福され、そうでない家は呪いに苦しむことになるという言い伝えもある。興味深いのは、スコットランド人の間ではケット・シーの正体は猫に変身した魔女だと信じられていたことだ。そして魔女は一生のうちに9回しか変身できないとされていた。それが「猫に九生あり」ということわざ（猫には9つの命があって生まれ変わることができるという迷信）の起源だとする学者もいる〟

アイルランドの伝説上の生き物はいまから何千年も前に実在したとされていて、現代になってもそれらの目撃報告が後を絶ちません。また、ダブリンには幽霊が出ると噂されている呪われた館も数多くあります。そのひとつがドラマ『ダウントン・アビー』にも登場する〈キラキー・ハウス〉で、この屋敷には怪猫が取り憑いているという都市伝説があるそうです。

アイスランドにも猫の怪物譚があり、そのなかには何百年も前のバイキングに由来すると思われるものも残っています。たとえば、巨大なモンスター猫のヨーラコットゥリン（クリスマスの猫）は、クリスマスまでに新しい羊毛の服を着ていない人を探して食べてしまうと伝えられています。でも、どうやらこれは秋までに羊毛の加工を終わらせることを奨励するために広められた比較的近年の伝承のようです。つまり、私たちが耳にする怪物譚のなかには、経済的な目的のために意図的につくられたものもあるのです。

ガリア人の物語にも黒猫が登場しますが、猫、特に黒猫が不吉な存在だと信じられるようになった背景にカトリック教会の影響力があったのは間違いありません。イギリスには『猫の王』という民話があります。この民話ではひとりの墓掘り人の男が、王冠の載った小さな棺を担いで道を歩く9匹の黒猫に出会います。そして、男はそのなかの1匹から「ティミー・トルドラムが死んだとトミー・ティルドラムに伝えてくれ」と頼まれます。男は家に帰って妻にその出来事を話すと、聞き耳を立てていた飼い猫が突然人間の言葉で「ティミー爺さんが死んだって？　それならぼくが次の猫の王様だ！」と叫んで煙突を駆け上がり、それ以来姿を見せることはなかったといいます。

現代にも多くの民話が語り継がれていますが、私にはひとつ、とても興味深いと感じることがあります。それは、私たちは幼い頃にこうした物語を聞かされて育ちますが、ある程度の年齢になると、あくまで作り話として捉えるのを推奨されることです。また、主に西洋では民話は子ども向けのものと大人向けのものに分けられています。

何年も前の話ですが、私は隣の家に住む人から、妊婦（多くの文化で妊婦は悪魔を引き寄せるとされています）が猫に触れると、胎児の体に生まれつきのアザができてしまうという話を聞きました。そして最近、イタリア人の知り合いも同じことを言っていたので、どうやらこれはヨーロッパ共通の迷信のようです。イギリスでは、そのアザは猫の顔のかたちになるといわれているそうです。もっとも、イギリスでは黒猫は幸運の象徴で、結婚式の日に黒猫に会うと幸せが舞い込むといわれています。特に黒猫が花嫁の前でくしゃみをしたら、それは愛の女神の祝福なのだそうです。また、ポルトガルには猫は人間の赤ちゃんにイボを感染させるという迷信もあるようです。

ビルマなどの東南アジアの一部の地域では、魂はほかの生き物に乗り移ることができると考えられています。私は以前、ラオスのモン族の知り合いからパテート・ラーオ【訳注／ラオスの共産主義革命勢力】との銃撃戦で重傷を負ったあるモン族の男性の話を聞きました。その男性はシャーマンの治癒を受けたものの亡くなってしまったらしいのですが、そのシャーマンによると、彼の魂は肉体を離れた瞬間、近くにいたペットのベンガルヤマネコに乗り移ったというのです。シャーマンは後にベンガルヤマネコを連れてラオスを去り、アメリカに移住したらしいのですが、それから今日に至るまで、その町ではベンガルヤマネコが通りを歩き回り、モン族の人々、特に女性を傷つけた相手を見つけては復讐をしているという都市伝説が語られているといいます。死者の魂がほかの生き物に乗り移るという考えは一般的にもよく見られますが、モン族のシャーマンはニワトリを生け贄に捧げ、その魂を生命エネルギーとして病気の子どもなどに与えるという儀式も行います。また、死者の魂はそれまでの人格を持ったまま、ほかの動物や人に乗り移ることがあるともいわれています。

東南アジアの多くの地域には怪猫の伝承も見られます。たとえばマレーシアでは、猫には「バディ」と呼ばれる悪霊が潜んでいると伝えられています。そのため、死者の体に猫が触れることは決して許されません。なぜなら、その死者の魂が猫に乗り移って蘇り、恐ろしい幽霊になってしまうと信じられているからです。

日本の仏教徒は猫を特別に好むわけではありませんが、ほかの地域の仏教徒は猫を高潔な存在とみなし、人間の魂が宿る器としてふさわしいと考えているようです。かつてシャムやビルマでは、徳の高い僧侶が亡くなるとその魂は猫に宿り、そしてその猫が死ぬと魂は極楽浄土へ旅立つと信じられていました。これも魂の乗り移りの一例と言えます。また、タイでは近年、戴冠式の際に国王に宝石で飾り立てた猫が贈られています。この猫には先代の王の魂が宿っていて、猫の姿で式に参加していると見なされています。

## アメリカ大陸――実在の猫と伝説の猫

アメリカ大陸に伝わる伝説、特に都市伝説にはさまざまな生き物が登場しますが、その多くは先住民にとっての異邦人、つまり、かつてはヨーロッパからの移民、そして近年では世界中からやってくる異文化の人々に対する恐怖が投影されたものです。人間はもともと小集団で生活する生き物であり、都市のような見知らぬ人同士がごった返すところで暮らすようにはできていません。だから人間にとって、見知らぬよそ者はだれであろうと潜在的に危険な存在なのです。古代では、夜な夜な辺りを徘徊する大型の肉食動物は得体の知れない存在であり、恐怖の象徴でした。そしてその恐怖は人類の遺伝子に深く刻まれ、いまも私たちのなかに残っています。

アメリカには、南西部のプエブロ族やナヴァホ族といった先住民たちに伝わる、猫にまつわる奇妙な話がいくつもあります。たとえば、サボテンの姿をした猫の目撃談はそのひとつです。その猫はナイフのように鋭い前足の爪でサボテンを裂いて樹液を飲むといいます。そしてその樹液で酩酊して、ありとあらゆるいたずらを働くと伝えられているそうです。

アメリカの民間伝承には、アンダーウォーターパンサー（水中のヒョウ）と呼ばれるヒョウがよく登場します。このヒョウはアンダーウォーターリンクス（水中のオオヤマネコ）とも呼ばれていて、カナダの北部からアメリカ南部の州まで、北米の東側に住む多くの先住民たちに知られていますが、その姿は民族によって言い伝えが異なります。アンダーウォーターパンサーと特に関連が深いのはオジブワ族とされていて、彼らはこのヒョウをミシペシュという名で呼んでいました。この神聖な幻獣にはところどころに実在のヒョウの特徴が見られますが、全体的にヒョウの姿をしているわけではありません。頭に角があり、背中には鋭い背びれが並んでいる姿で描かれることも多くあります。また、体には鱗のようなものがあるともいわれています。一部の先住民からはホーンド・サーペントと呼ばれる頭に2本の角のあるヘビの怪物と同一視されていたり、イロコイ族の伝承ではアンダーウォーターパンサーとホーンド・サーペントの特徴が合わさったりしています。水は空と対になる世界とされているため、水の幻獣であるアンダーウォーターパンサーやホーンド・サーペントは空の幻獣である雷鳥サンダーバードの宿敵と考えられています。

アンダーウォーターパンサーは急流や渦巻き、洪水、大波など、水の暴力的な面を象徴しています。この幻獣は滝の音のような咆哮を上げ、長く力強い尾を使って水中に乱れを起こし、ときにはボートをひっくり返したり、人を溺れさせたりするそうです。もっとも、自然の危険な力を象徴しているからといって、アンダーウォーターパンサーが悪い存在というわけではないようです。この幻獣は人を守ることもあるといわれ、水の守護神と見なしている部族もいます。その力は多くの先住民から畏敬の念を抱かれていて、この幻獣に供物を捧げる部族もいるといいます。また、アンダーウォーターパンサーは銅鉱石の守護者としても知られていて、許可なく銅を採りにスペリオル湖にやってきた多くの船を沈めたという伝承も残っています。

ワンプスキャットはアパラチア地方の民間伝承で語られている有名な幻獣で、その起源はチェロキー族にあるとされています。この幻獣の普段の姿は大きな野生の猫ですが、変身能力を持ち美しい女性の姿に化けることもあるといいます。ワンプスキャットは獰猛な生き物と考えられていて、勇敢な戦士でさえも恐怖に陥れられたそうです。また、ワンプスキャットは『ハリー・ポッター』シリーズのファンにはおなじみで、ダイアゴン横丁のオリバンダーの店を経営していた魔法使い、ギャリック・オリバンダーはこの幻獣の毛を魔法の杖の芯に使っていました。面白い事実としては、「斜めに」や「獰猛で破壊的」という意味を持つ「catawampus（キャタワンプス）」という英単語は、このワンプスキャットが由来という説があります。

古代の人々にとって大型のネコ科動物は力の象徴であり、ヒョウなどの毛皮を纏えばその力を自分に宿すことができると考えられていました。『Icons of Power : Feline

Symbolism in the Americas（力の象徴：アメリカ大陸におけるネコ科動物のシンボル）』（未訳）という本にはこんな説明があります。

〝ジャガーやピューマの毛皮やそれを使った装身具を身につけた戦士や狩人には、その動物の魂が宿ると考えられていた。ブラジルのアパポクワ＝グアラニー族は、ジャガーの毛皮を纏ったカインガン族をジャガーの一族と見なしていた。これはアパポクワの魂の概念に基づくもので、善良な魂である「アイヴュクエ」は野菜などを収穫して食べ、暴力的な動物の魂である「アシグアア」は獣を狩りその肉を食べると考えられていた。そしてなにより厄介なのが、人間がジャガーのような危険な肉食獣の魂を宿すことだ。暴力的な魂であるアシグアアは善良な魂であるアイヴュクエを支配するからである。

同じような考え方は南米の至るところに見られる。トバ族の間ではジャガーは実体のない悪霊の住処であり、適切な葬儀の儀式が行われないと死者はジャガーに変わることもあるとされていた。アルゼンチンのミシオネス州に流れるパラナ川上流の森林地帯に住む人々は、村の墓地の近くを徘徊するジャガーは死者の変身した魂であると信じていた。ボリビアのチリグアノ族の間では、ジャガーに殺された者はジャガーの姿で蘇るとされていて、それを防ぐために亡骸は頭を下にして埋葬された。また、ボロロ族は争いによって死者が出た場合、ジャガーを殺して遺族に贈呈することが報いであり義務としていた。

ジャガーに対する人々の畏怖は、その肉を食べることにも表れている。アビポン族、ムバヤ族、モコビ族などの民族は、強さを手に入れるためにジャガーの肉を食べていた。とりわけジャガーの勇敢さと獰猛さを取り込んで男らしさを手に入れようと望む者は、ジャガーの心臓や脂肪を食べたといわれている。同様に、シピボ族の間ではジャガーの捕食力を得るためにその血を飲む儀式が行われていたそうだ。また、カリブ族の首長や戦士たちは戦争や略奪に備えて、ジャガーの脳や肝臓、心臓を加えた特別なキャッサバ・ビールを飲んでいたという。これらの臓器はそれぞれ、賢さ、勇敢さ、活力を促進すると考えられていたからだ〟

もっとも、ジャガーは必ずしも悪い動物とみなされていたわけではありません。古代エジプトと同様に、南米の先住民族たちの間でジャガーは守護者でもありました。近年では、マヤ人の村や農場へと続く各方角の入り口はジャガーに守られていると考えられています。イクシル地方に暮らすマヤ人が崇める山と谷の神の住居の入り口はジャガーとヘビによって守られていますし、コロンビアではジャガーはマロッカと呼ばれる先住民の長屋とデサナ族の森を守っています。また、コギ族の間ではジャガーの霊が古代遺跡を守護していると信じられていて、彼らの儀式用住居の入り口にはジャガーの骨を飾る伝統があります。

ジャガーは宝飾品や陶器によく用いられるテーマでもあります。古代のペルーの陶器には頭を横に向けて振り返っているジャガーとサンペドロサボテン（多聞柱）が描かれているものが多く存在します。

私が調査のためにメキシコを旅していたとき、オアハカという都市の小さな店で木彫りのジャガーの像を見つけました。木彫りの像や人形といえばペルーが有名ですが、なにか関係があるのだろうかと不思議に思いました。その像は高さ30センチほどで、尻尾は取り外し可能、頭は後ろを振り返っていて、サイケデリックな模様が施されていました。同じアーティストがつくったジャガーの仮面も購入したのですが、そちらは鮮やかなペイントが施されているものの、木彫りの像のようなサイケデリックな模様はありませんでした。

メキシコの北、ニューメキシコのペコス国立歴史公園内のペコス・プエブロと呼ばれるインディアンの遺跡には、マウンテン・ライオン（ピューマ）を埋葬して祀った塚があります。どうやらマウンテン・ライオンは、プエブロの獣神のなかでも最上位の存在のようです。

儀式的に埋葬されたネコ科動物はマウンテン・ライオンだけではありません。次のような報告もされています。

〝1980年代、約2000年前にホープウェル文化のアメリカ先住民族が住んでいたイリノイ川近くの埋葬地から、若い動物の骨が発見された。ホープウェル文化では死者は犬と一緒に埋葬されるのが一般的だったため、しばらくの間その動物の骨は子犬のものであると考えられていた。ところが、それから数十年後、骨を確認した進化人類学者のアンジェラ・ペリによって、それが誤認であることが明らかになった。彼女の第一印象では、その骨は猫の一種のものだと感じたという。さらに調査を進めると、骨は生後数ヶ月のボブキャットのものであることが判明した。驚くべきことに、そのボブキャットの骨の首周りには熊の歯と貝殻で丁寧につくられたネックレスが巻かれていたという。

発掘時の写真を見ると、ボブキャットの前足が意図的に揃えられていて、なんらかの敬意を持って埋葬されたことがわかる。当時のアメリカ先住民族の間ではボブキャットの家畜化が一般的に行われていたのか、それともこれは特別な例だったのかは不明だが、そのネックレスと墳墓への丁寧な埋葬は、明らかにこのボブキャットが特別な動物として扱われていたことを示していた。

そのほかの出土品には猫の絵や猫の頭蓋骨で作られた頭飾りなどもあり、野生の猫がアメリカ先住民族の文化にどれほど浸透していたかが窺い知れた。ヨーロッパからの移民によってアメリカに持ち込まれた猫は、先住民族の間でもネズミ駆除やペットとして重宝されていたのだろう。写真技術が一般的になったばかりの頃に撮影された昔の写真には、馬に乗ったコマンチェ族が肩に猫を乗せている有名な一枚があるが、これが特に珍しいケースだったのかどうかはわかっていない〟

# 第6章
# 映画やアニメ、コミックに登場する猫たち

ここまでは猫がスピリチュアルな動物と見なされていた古代の文化を紹介してきましたが、猫の神秘的なイメージは現代にも色濃く残っています。

文学や芸術のなかでは、猫はさまざまな描かれ方をしています。これから紹介するのは、猫が現代の人々の目にどのように映っているのかがわかる映画やコマーシャルなどの一例です。

## 変幻自在

ラテン文学の名作として名高い、古代ローマの詩人オウィディウスの『変身物語』はご存じの方も多いと思います。オウィディウスは紀元前43年から西暦18年頃まで生きた人物で『変身物語』は西暦8年頃に完成したといわれています。その内容はギリシア・ローマ神話の登場人物たちがさまざまなものに変身するエピソードを集めたものですが、この物語についてピタゴラスが語ったものとされているこんな言葉があります。

〝万物は常に変化しているが、なにも滅びることはない。
魂は行き交い、
望む場所に宿り、
獣から人へ、人から獣へと住まいを変える。
だが常に生き続けるのだ。
蠟燭に新しい模様が刻まれ、
形を変えても蠟燭であるように、
私も常に変化する肉体に宿りながらも、
変わらぬ魂を持ち続けている〟

民話や神話で暗闇に対する人間の恐怖が描かれるときにはよく猫が登場しますが、そういったシーンは現代の映画のなかにも見られます。特に1920年代から1950年代にかけては、そんなシーンがある映画が数多く制作されました。たとえば1927年の映画『猫とカナリヤ』は、サイラス・ウェストという大富豪の遺産相続のために親族たちが幽霊が出ると噂されている屋敷に集められ、そこで欲にまみれた人間模様が展開されるというサイレント映画です。サイラスは正気を失って亡くなったのですが、彼は死の間際、遺言状は自分の死後20年間は決して開封しないよう指示していました。ついにその日がやってきて、親族のなかでもサイラスともっとも遠縁だったアナベルが遺産のすべてを相続することになりますが、そこでもう1通の遺言状が発見されます。そこには、遺産の相続は相続人の精神が健全であることが条件で、そうでないことが証明された場合、相続権は次の順位の者に移ると記されていたのです。また、この遺言には親族全員が彼の屋敷でひと晩を過ごすようにという指示もありました。これと似たようなテーマは1930年代から1970年代、そして最近の映画にもよく出てきます。

その後はクロスビーという親族のひとりが殺されるなど、屋敷のなかで奇怪な出来事が次々と起こり始めます。そして、この映画には自分が猫だと思い込んでいる精神的に病んだ男が登場します。人間の姿に化けている（と思い込んでいる）その男は病棟から脱走して屋敷に忍び込んできたのですが、隠し廊下で親族のひとりであるポール・ジョーンズに見つかってしまいます。ジョーンズは男に襲われ殺されたかと思われましたが、アナベルを救うためにぎりぎりのところで意識を取り戻します。そして男は捕らえられ、物語はハッピーエンドを迎えます。この『猫とカナリヤ』は１９３９年にボブ・ホープとポーレット・ゴダード主演でリメイクされていて、私はオリジナルよりもそちらの方が好みです。

１９４２年に公開された『キャット・ピープル』という映画は、自分は古代の猫人間の末裔だと信じ込んでいるヒロインが登場するもうひとつの変身ジャンルです。このヒロインは怒ったり、怯えたり、興奮したりすると、本人の意志とは無関係にヒョウの姿に変身してしまいます。この物語のヒロインのイリーナはオリヴァーという男性と恋に落ちて結婚するのですが、興奮でヒョウに変身して夫をズタズタに引き裂いてしまうことを恐れるあまり、夫婦関係を深めることができないというジレンマに苛まれます。あるときイリーナは夫からジャッドという精神科医の受診を勧められ、それに従います。ところが夫のオリヴァーは妻との関係を職場のアリスという女性に相談するうちに、彼女と愛人関係に陥ってしまうのです。やがてそれを察したイリーナに問い詰められ、オリヴァーはアリスを連れて逃げ出します。アリスはイリーナがジャッド医師の患者であることを知っていたため、彼に電話をかけて彼女は危険だと警告しますが、ジャッド医師は約束の時間に現れたイリーナに言い寄り、かなり情熱的なキスを交わします。するとイリーナはヒョウに変身して、彼を八つ裂きにしてしまうのです。その後、絶望した彼女は動物園に行き、ヒョウに殺されて死のうと檻の扉を開けてしまいます。ヒョウはイリーナに襲いかかり、彼女を殺して逃げますが、車に轢かれて死んでしまいます。そしてオリヴァーとアリスはその後幸せに暮らすというオチなのですが、たった1時間13分の映画でこれだけのことが起こるのは驚きです。

少し趣向の異なるもうひとつの変身映画は、２０２０年の日本映画『泣きたい私は猫をかぶる』です。このアニメ映画は、猫に変身する美代という中学生の女の子の物語です。思春期の彼女は同級生の賢人という男の子に片思いをしているのですが、猫の妖怪にもらった「猫になれる仮面」をつけて白猫に変身し、彼の私生活を覗いていました。美代は猫の姿で賢人の気を惹きますが、残念なことに、いつまでもその姿のままでいることはできません。仮面で変身するというのはジム・キャリーが出演した１９９４年の映画『マスク』とも似ていますが、そちらはお人好しで気弱な銀行員スタンリーが、川で見つけたロキの魔法のマスクをかぶると不思議な力を持つ超人に変身するというお話です。

スティーブン・キングといえばホラー作品が有名ですが、彼の描く物語では往々にして誤った判断が不運な出来事を招きます。彼が脚本を書いた１９９２年の映画『スリープウォーカーズ』には、猫と人の遺伝子を持ち変幻自在に姿を変えるスリープウォーカーズというヴァンパイアが登場します。彼らは夜な夜な町の若い女性の精気を吸い取っているのですが、この物語にはひねりが加えられていて、猫のようなスリープウォーカーズの天敵は町にいる普通の猫たちなのです。

変身能力は世界中の民話に共通して見られるテーマですが、これは中世ヨーロッパや初期のニューイングランドで巻き起こった魔女狩りの流行によって広く浸透したようです。そうした民話は、数百万年前から人類の遺伝子に刷り込まれている恐怖、つまり暗闇や影に潜む幽霊、あるいは食べられてこの世界から去ることへの恐れを反映しています。

変身に関する考察は『キャット・ピープル』で描かれているような現代的な解釈に触れてこそ完結します。それは狼男や魔女といった伝承や、精神病理学や麻薬などの薬物にも関連します。まずは、薬物について取り上げてみましょう。

かつてはヒンドゥー教、仏教、ユダヤ教、キリスト教、イスラム教など、数多くの宗教の儀式で薬物が使われていました。しかし政治的な理由から、そうした事実は20世紀後半になるまで歴史家や人類学者によって文献から排除されてきました。薬物を用いた儀式は公に議論されるべきではないとされていたのです。なぜなら、それは私たちの生命観や超常現象、テクノロジーに関する考え方がどこから来たのかが明らかになる可能性があるからです。あるいは、世の中が薬物中毒者だらけになってしまうこともあり得ます。だからこそ、薬物が文化の発展になんらかのかたちで重要な役割を果たしてきた、などと考えることは馬鹿げているという風潮にしておく必要があったのです。変身の感覚はヒヨス、シロバナヨウシュチョウセンアサガオ、ベラドンナ、マンドラゴラなどの植物の成分を使うことで得られる可能性があります。これらには副交感神経遮断薬として作用するヒヨスチンが含まれていて、経口摂取だけでなく香油として皮膚や粘膜に塗って摂取することもできます。ヒヨスチンを大量に摂取すると、空を飛んでいるような感覚や狼や猫などになったような感覚が得られるといいます。変身体験についてはさまざまな解釈がありますが、私はなんらかの精神疾患や植物やキノコ類の成分による妄想や幻覚症状によるもの、という説明が一番しっくりくると感じています。

映画やアニメ、マンガなどのスーパーヒーローたちには有事に変身する姿、言い換えればもうひとりの自分が存在します。スーパーヒーローといえば男性がほとんどですが、１９４１年に「ワンダーウーマン」が登場してからは、女性キャラクターの活躍もよく見られるようになりました（スーパーマンの初登場は１９３８年）。ワンダーウーマンは女性だけが住む島のアマゾン族のひとりで、普通の人間を遥かに超えた力を持っています。スーパーマンはその規格外の身体能力（クリプトナイトという弱点はありますが）によって銃弾よりも速く走ったり、高いビルを飛び越えたりできますが、彼はそもそもほかの惑星で生まれた異星人です。このふたりのスーパーヒーローは精神的に健全ですが、バットマンとキャットウーマンは少し事情が異なります。『キャットウーマン』は2004年にハル・ベリー主演で映画化されましたが、原作ではセリーナ・カイルという飛行機事故から生き延びた客室乗務員が主人公です。彼女は事故で記憶を失ってしまいますが、父親の店と自分が可愛がっていた猫たちの記憶は残っていて（映画では設定が異なります）、やがてキャットウーマンとなります。1940年代に始まった原作では彼女は泥棒で、バットマンの宿敵として描かれています。彼女は作品のなかで徐々に性格が変化していきますが、あるときは社会の一員として生活し、またあるときには社会から外れて貴重な宝石を盗むといったように、もうひとつの人格を秘めています。そんなキャットウーマンが象徴しているのは、どこにでもいる一般人のフリをした社会の悪です。

## アニメに登場する猫

ワーナー・ブラザーズのアニメ『ルーニー・テューンズ』に登場する「シルベスター・キャット」はコミカルな悪役の猫です。この猫は子どもたちに現実の世界を教えるためのキャラクターなのかもしれません。シルベスターがトゥイーティーを食べようとするシーンは有名ですが、人類の祖先とネコ科動物の関係性を思い出してください。このアニメでは、古代の人類が黄色いカナリヤとして描かれているように思えます。

民話や伝承にはいたずら好きでトラブルメーカーの猫が多く登場しますが、現代の映画にはあまり見られません。最近の作品では猫は中立的な存在か、ちょい役として主人公になにかしらの示唆をすることが多いようです。いたずら好きな猫としては、

1919年に「フィリックス・ザ・キャット」という黒猫のキャラクターを主人公にしたアニメ映画が公開されました。フィリックスは北欧神話のロキのように自らトラブルを引き起こす一方で、持ち前の機転で危機を逃れ、悪者を追い詰めるというまさにトリックスターと言える存在です。

ルイス・キャロルの小説を原作とするウォルト・ディズニーの有名なアニメ映画『ふしぎの国のアリス』（1951年）には「チェシャ猫」という猫のキャラクターが登場します。チェシャ猫はピンク色の被毛に紫色の縞模様があり、黄色く光る目をしています。そしてもちろん、彼は（そう、雄猫なのです）まるでセールスマンか政治家のような、あの有名な笑みを浮かべています。チェシャ猫は間違いなくトラブルメーカーですが、その一方でアリスを導く役割も担っています。

## 異世界とのつながり

古代エジプトでは、猫は冥界とつながっていると考えられていました。猫があの世のメッセンジャー的な役割を担っているイメージは現代にもまだ残っているようです。

たとえば『悪魔を憐れむ歌』という映画にはそれを彷彿とさせるシーンがあります。

この映画のストーリーは、デンゼル・ワシントンが演じる刑事がある連続殺人事件を捜査するなかで、最近死刑になった殺人犯の犯行との類似点に気づくところから展開していきます。ここで結末を明かすわけにはいきませんが、ラストでは猫が連続殺人事件の背後にいる人物の正体を暗示します。これは猫がこの世とあの世をつなぐ役割を果たしていることを表している印象的なシーンと言えます。

キアヌ・リーブス主演の映画『コンスタンティン』では、悪魔を退治するために地獄へと向かう主人公の案内役として猫が登場します。どうやら猫と悪魔には、どちらもこの世とあの世の狭間に存在しているという共通点があるようです。

映画や小説では、幽霊屋敷と猫、特に黒猫は、中世から残る死後の世界のシンボルとして人気があります。『ヘルハウス』というホラー映画は、まさにそうしたシンボルを扱っています。この映画のストーリーは、死後の世界を証明しようとする3人の科学者を中心に展開します。もちろんホラー映画ですから、その検証はどこかの病院や大学の研究室ではなく幽霊屋敷で行われます。この映画でも猫は死後の世界とつながっている存在のようです。小道具としての要素が強いとはいえ、こうしたテーマの映画において猫はとてもわかりやすいシンボルなのです。

## 恋の仲介役

１９５８年の映画『媚薬』は現代のニューヨークで暮らす魔女と、出版社を営む男の奇妙な恋物語です。この映画には、主人公の魔女ギリアンがシャム猫で使い魔のパイワケットを使って意中の男性に恋の魔法をかけるシーンがあります。

また、ディズニーの映画『わんわん物語』ではヒロインのコッカー・スパニエル、レディがサイとアムという双子のシャム猫の助けを借りて野良犬のトランプと結ばれます。

## 冒険、友情、絆

『ハリーとトント』というアメリカ映画は、定年退職した元教師のハリー（アート・カーニー）が愛猫のトントとともに新しい暮らしを求めてアメリカを横断する物語です。ハリーは72歳のおじいちゃんで、孤独ですが茶トラのトントとは強い絆で結ばれています。この物語では、愛情豊かな猫のトントはハリーの人生に欠かせない存在であり、孤独な心の隙間を埋めてくれる相棒として描かれています。

『ボブという名の猫　幸せのハイタッチ』は、ホームレスのストリートミュージシャンで麻薬常習者のジェームズが、けがをして部屋に迷い込んできたボブという茶トラと絆を深めていくという、実話に基づいた物語です。他人のことなど気にかけたこともなかったジェームズは、ボブと触れ合うなかで生き方を改めようと決心します。この物語はとても感動的で、実話というだけあってリアルが描かれています。この映画のボブのように、猫は自ら選んだ特定の人に対しては驚くべき思いやりを示すことも珍しくありません。

『シュレック』シリーズには、アントニオ・バンデラスが声を担当する長靴をはいた猫が登場します。この猫は民話の『長靴をはいた猫』と同様にトラブルメーカーで、おしゃべりロバのドンキーとともに主人公のシュレックが姫君を救い、真の愛を見つける手助けをします。

ウォルト・ディズニーの映画には猫や犬が主役の冒険活劇が数多くありますが、ときには運命のいたずらによって冒険に出ることもあります。そうした物語の重要なテーマとなっているのは冒険を通じて生まれる友情や絆で、特に有名な作品には『おしゃれキャット』や『オリバー　ニューヨーク子猫ものがたり』、『奇跡の旅』などが挙げられます。

人間とネコ科動物の友情を描いた物語なら、ターザンとライオンの絆も忘れてはいけません。ターザンの友人であるライオンは黄金の獅子で、原作のファンには「ジャド・バル・ジャ」という名前で知られています。エドガー・ライス・バローズによる原作はSF冒険小説のシリーズですが、この作品は映画やコミックにもなっています。そんなターザンの初期の映画には1927年のサイレント映画『獅子王ターザン』がありますが、これは小説シリーズ『類猿人ターザン』を映画化した作品です。また、ライオンはアメリカのテレビアニメシリーズ『ジャングルの王者ターザン』にも繰り返し登場しています。ターザンの映画は長年にわたって数多く制作されていますが、シリーズを通してライオンは力強い存在として描かれています。主人公のターザンもライオンに匹敵するほどたくましいのですが、それは原始的な環境でチンパンジーやゴリラといった類人猿に囲まれて育ったことで得られた強さと言えるでしょう。

また、ライオンやトラが登場するサーカスも人気があります。歴史を振り返れば、少なくとも2000年前には大型ネコ科動物は悪いキリスト教徒を罰する役割を与えられていましたし、それよりずっと以前から罪人の処刑に使われていたことは間違いありません。サーカスと言えばライオンのショーが定番です。もっとも、サーカスでは椅子に飛び乗ったり、火の輪をくぐったりする芸を披露していますが、ライオンやトラはもともと家畜化された動物ではありません。人間と一緒に暮らすことを自ら選んだわけではないのです。現在では巡業サーカス団のほとんどは姿を消して過去のものとなりました。第5章で触れたジークフリート&ロイは、その最後のスターと言えるかもしれません。彼らの主な演出のテーマは「人間が自然を征服する」というもので、その自然の力はときには人を食べてしまうような獰猛な動物たちによって象徴されています。

## 気づきを促す存在

映画やドラマのなかでは、猫は単にマスコット的な存在として登場するだけでなく、登場人物になにか重要なことを気づかせるような役割を担っていることが多くあります。このような役はほかの動物でも替えが利くのですが、やはりイメージ的に猫が一番しっくりきます。また、映画などで描かれる古代エジプトでは、ファラオの妻の椅子の下に猫が座っていたりします。そうした王家の椅子の脚が猫（またはライオン）の足のかたちに彫られていることもよくあります。この猫はそこにいる必要はなく、おそらく王の権力や権威などのシンボルなのでしょう。

有名なSFホラー映画『エイリアン』には、シガニー・ウィーバーが演じた主人公のリプリーが愛猫ジョーンズを救出するために危険な目に遭うシーンがありますが、これは人間と猫の絆がうまく脚本に織り込まれていると思います。猫のジョーンズがいなければ、たったひとり生き残ったリプリーは宇宙で完全に孤独になってしまいますし、そんな画は刑務所での独房監禁と同じくらい残酷に映ってしまうことでしょう。

『シャム猫FBI／ニャンタッチャブル』という映画は、銀行強盗に人質として誘拐された銀行員が、犯人のアジトに偶然迷い込んできたシャム猫の首にSOSのメッセージを刻んだ時計をつけて助けを求めるというサスペンスコメディです。楽しい映画ですが、ここに登場する猫はごくふつうの猫です。

『インサイド・ルーウィン・デイヴィス 名もなき男の歌』でも、単に小道具的な役割で迷い猫（またしても茶トラ）が登場します。この猫はストーリーを進めるための裏話のようなものを提供する存在です。

『ハリー・ポッター』シリーズに登場する猫のミセス・ノリスは、ホグワーツの不気味でかなり気性の荒い管理人、アーガス・フィルチの飼い猫です。この猫はストーリーの進行にそこまで重要なキャラクターではありませんが、危険が迫っていることを警告する役割を果たすこともあります。

## これから起こる出来事を暗示

猫の登場シーンはあまりありませんが、キアヌ・リーブス主演の『マトリックス』は観たことがある方も多いと思います。この映画では主人公のネオが工作船ネブカドネザル号に戻ろうとしたとき、ドアのそばを通り過ぎた黒猫に気づきます。それを仲間に話すと、彼らはデジャヴュ現象だと答えます。この黒猫の出現は仮想世界マトリックスに異変が起きていることを示すサインとして描かれているのです。そしてその後はやはり、彼らは罠にはまることになります。

『ストレンジャー・コール』という映画は、女子高生のジルが郊外の丘の上に建つ邸宅でベビーシッターのアルバイトをしているところから物語が始まります。郊外の邸宅というのは暗い森や幽霊屋敷、離れ孤島などと同様に、これから起こる不吉な出来事を予感させる典型的な舞台設定です。作中で突然スクリーンに現れる黒猫は不吉の兆しとして、これから起こる恐ろしい出来事を予感させる役割を果たしています。猫は決して不吉な生き物ではありませんが、映画や小説などでは世間一般の通念や迷信からこのような使われ方をすることがあります。

残念なことに、猫はろくなことをしないというイメージを持っている人もいます。確かに、我が家の猫たちもろくなことをしません。テーブルの上の物を落としたり、クローゼットの扉を開けてなかの物を引きずり出したりもします。そう、我が家の猫はレバーハンドルの扉を開けることができるのです。だからクローゼット以外はすべて昔ながらの丸いドアノブに交換しています。我が家の猫たちの悪魔的な側面はまだ明らかになっていませんが、映画『猫』では猫だらけの家に住む富豪の未亡人が、甥を差し置いて財産をすべて飼い猫たちに相続させようとして事件に巻き込まれていきます。欲深い甥は未亡人に遺産相続人を変更するように迫りますが、無数の猫たちが飛び掛かってそれを阻止します。

アニメ映画『コララインとボタンの魔女』では、主人公のコララインは新しく引っ越してきたアパートの壁に「別の世界」へとつながる隠し扉を発見します。11歳のコララインはその世界に夢中になりますが、本作のもうひとりの主人公である黒猫は彼女に警告します。隠し扉の先にあった別の世界は、悪い魔女のつくった世界だったのです。

猫が登場する映画はほかにもたくさんあります。そうした作品のなかで猫が担っている役割は、この章で説明したもののどれかに当てはまります。ここで紹介し切れなかったタイトルをいくつか挙げておきます。

『ホーカス ポーカス』（1993年）
『スチュアート・リトル』（1999年）
『キャッツ&ドッグス』（2001年）
『ガーフィールド』（2004年）
『グランピーキャットの最低で最高のクリスマス』（2014年）
『キャッツ』（2019年）
『ペット・セメタリー』（1989年）
『ペット』（2016年）
『キャット・ピープルの呪い』（1944年）
『レオパルドマン 豹男』（1943年）
『ミイラ再生』（1932年）
『ハムナプトラ／失われた砂漠の都』（1999年）
『黒猫の棲む館』（1964年）

『ウイラード』（1971年）
『スペル』（2009年）
『ハッピーボイス・キラー』（2014年）
『ザ・ヴァンパイア 残酷な牙を持つ少女』（2015年）
『フロム・ザ・ダークサイド 3つの闇の物語』（1990年）

## コマーシャルと猫

猫はキャットフードから住宅ローンまで、さまざまなコマーシャルに登場しています。そしてもちろん、ライオンやトラなどの大型のネコ科動物たちも数多くの商品のマスコットキャラクターになっています。たとえば、ケロッグのトニー・ザ・タイガーは1953年に〈フロステッド・フレーク〉（日本での名称はコーンフロスティ）

のパッケージでデビューしました。これは砂糖をまぶしたコーンフレークの栄養価をパワフルなトラで表したキャラクターなのでしょう。おそらくメインのターゲットは子どもたちだったと思いますが、トラのキャラクターは朝食にシリアルを食べる親たちにもウケました。そもそもトラとコーンフレークにどんな関係があるのか疑問に思う人はいなかったようで、フロステッド・フレークはトラのキャラクターの愛らしさと、子どもたちにも好かれる甘い味で人気になりました。ちなみに、砂糖や油、塩などの脳に刺激を与える食品には中毒性や依存性がありますが、食品業界はそれを十分認識していると思われます。

1950年代に登場したエッソ石油のトラのキャラクターは、1963年頃から始まったスーパーカーブームをきっかけに定着しました。このトラには特に名前がありませんでしたが、エッソ石油のガソリンは他社のものよりパワーが出るというイメージを広めることに成功しています。そういえば、当時はガソリンスタンドでよくこのトラのおもちゃが売られていました。

フリトレー社の〈チートス〉のパッケージに描かれているチーターのキャラクター、

チェスターチーターも有名です。このチーターが登場する前はチートスマウスというネズミのマスコットキャラがいたようです。

また、ネコ科動物のイメージを使っているスポーツブランドにはプーマがあります。プーマは1948年に〈アトム〉というサッカーシューズで市場に登場しました。今日ではスウェットパンツからトレーニングウェア、フィットネス用のアクセサリーまで、あらゆる種類のスポーツウェアを展開しています。

## 看板猫

猫は映画やコマーシャル以外でも存在感を示しています。地域社会への関心を高めるために、地方紙などはときどき動物関連のニュースを取り上げています。図書館の返却ポストに捨てられた子猫を司書が見つけて大切に育て、その図書館の看板猫になったという話もありました。猫と図書館の関係は古くからあり、本をネズミの被害から守るために図書館で飼われ、来館者に愛されていた猫も多くいたようです。

また、ある警察署に迷い込んだ猫がネズミ退治を始め、仕留めたネズミを警部の机の上に並べていたという話もあります。こうした逸話を集めた本もありますが、私のお気に入りはロボ・キティーという老人ホームなどの施設で利用できるロボット猫についての話です。

## 猫と自動車

すべての動物は危険に直面したときに素早く動くことができます。自然界を生き抜くためには鋭い反射神経が不可欠なのです。猫はすばしっこく、驚異的なスピードで獲物を追うことができる動物ですが、そんな猫のイメージを持つ自動車と聞いて多くの人が最初に思い浮かべるのはジャガーかもしれません。ジャガーはスワロー・サイドカー・カンパニー（現在のジャガー社）が1935年に初めて発表しましたが、今日ではインドのタタ・グループに買収されたジャガーランドローバー社が製造しています。

イギリスの名門ルーツ・グループは1964年に速くてパワフルなサンビーム・タイガーという車の生産を開始しました。V型8気筒エンジンを搭載しながらとても軽量で、私はこれより速い車に乗ったことがないと思います。1950年代のシボレー・コルベットとフォード・サンダーバードの人気から、アメリカでは小型スポーツカーの需要が高まりました。それらは高価な車でしたが、1960年代には市場の競争によってより価格を抑えた車が生産されるようになります。そうした車のなかでネコ科動物の名前を冠したものには、1967年に登場したマーキュリー・クーガーや1963年にデビューしたビュイック・ワイルドキャットが挙げられます。ほかにも、フォード社が生産していたマーキュリー・ボブキャットとマーキュリー・リンクスも有名です。

1963年から1966年まで生産されたビル・トーマス・チーターという車もありました。もっとも、この車は基本的にレース用に作られていたので生産台数はごくわずかだったようです。

# 第7章
# 猫と宇宙の関係

宇宙論とネコ科動物には深い関係があります。トルコのギョベクリ・テペ遺跡で発見された石柱の一部はかつて暦や天体現象の記録として使われていた可能性があることがわかっていて、そこにはネコ科動物のレリーフも彫られています。古代から猫はなにかしらの星団に当てはめられていたのかもしれません。

古代遺跡の石柱に天体との関係が見出されたことで、考古資料に残る天体現象の記録を天文学の知識を用いて検証する天文考古学という分野が誕生しました。天体の動きを観測できる暗い夜は、古代人にとって肉食動物たちが獲物を探して徘徊する危険な時間帯だったはずです。当時の人々は夜通し見張りを立てて危険に備えながらも、星の光が夜空を移動したり、月がかたちを変えたりする天体の動きも観測していたのかもしれません。天体の動きにはパターンがあることに気づいた彼らは、それを動物の骨に刻み記録していきました。そして星々の光とその動きを自分たちなりに解釈して、物語を編むようになります。夜空の星々には古代の人々が崇拝していた神や女神、そして一族の名前などが付けられました。

猫は宇宙論においても独特な存在です。宇宙と関係のある猫と言えば、もっともよく知られているのはエジプトのスフィンクスのほかにないでしょう。この巨大な石の建造物がつくられた時期については、エジプト考古学者の間で多くの論争が巻き起こっています。学者たちのなかには、スフィンクスが造られたのはクフ王の大ピラミッドが建造された紀元前２６００年頃であると主張する人もいます。でも、スフィンクスが造られたのはそれより遥か昔、紀元前１万５００年頃に獅子座と一直線に並ぶように建造された可能性が高いという見解や、トルコのギョベクリ・テペ遺跡と同じく、紀元前１万９００年の北米と北ヨーロッパの大半を壊滅させた彗星の衝突を記録するために建造されたのではないかという説もあります。古代のオルメカ族、マヤ族、アステカ族たちは、彗星の衝突を天界で起きている争いによるものと考えていたのかもしれません。マヤ人とアステカ人の宇宙論には、長きにわたって続く太陽と月の戦いの物語があります。

## マヤ文明とアステカ文明

古代メキシコのマヤ人は、太陽と月の観察記録を太陽と月の戦いと表現していました。古代のメソアメリカでは、太陽と月の戦いによって日食が起こると信じられていたようです。現在のマヤ系先住民のツェルタル族やツトゥヒル族、ポコムチ族の間でも、日食の原因は同じように考えられています。また、コロンブス到来以前のアステカ文明の遺跡にも太陽と月が戦っている様子が描かれています。日食を戦いとして表現しているのは、当時の人々が太陽と月の位置関係が日食を引き起こすという事実を理解していたことを示しています。

トホラバル族の間では、日食は太陽と月が性的に結合していると信じられていたようです。ほかにも、月食は黒蟻の攻撃によるもの、日食は月が激怒して太陽に噛み付くことで起こる、という考えもありました。これも彼らが太陽と月の相対的な位置関係を観察していたことを示しています。確かに、太陽の前を新月が通過する際には月が太陽を食べてしまっているようにも見えます。月食は満月が地球を挟んで太陽の反対側に位置しているときに起こるため、トホラバル族は月以外の原因として黒蟻の攻撃と解釈していたのでしょう。また、マヤ系先住民の多くのコミュニティでは、日食や月食は太陽や月がなんらかの理由で衰弱していると信じられていたようです。

## メソポタミア人と獅子座

メソポタミア神話にはライオンの特徴を持つ神々が多く見られます。また、文学において獅子は好戦的な王や獰猛な神々、特にメソポタミア神話に登場する農業、狩猟、戦争の神ニヌルタや、シュメール神話の金星、愛と美、戦い、豊穣の女神イナンナの比喩によく用いられました。「ライオンの尾を摑んだ者は川で溺れ、狐の尾を摑んだ者は助かる」ということわざもあります。

獅子座はメソポタミア、ギリシャ、ローマの神話のなかで重要な位置を占めています。夜空を見上げると、北には北斗七星（大熊座）、南には獅子座、西にはオリオン座があります。ここで重要なのは、星座の見え方は立っている場所によって異なるということです。たとえば、同じ星座でもメキシコのチアパス州で見るのと、私が住んでいる北カリフォルニアから見るのとでは見え方がかなり異なるはずです。

獅子座はメソポタミア人が認識したもっとも古い星座のひとつと考えられています。ほかにも古代のペルシャ人やトルコ人、シリア人、ユダヤ人、東インド人などの文献にも獅子に関する言及が見られます。いずれにしても、獅子座は紀元前4000年頃にはメソポタミアの文字記録に登場しています。もっとも、メソポタミア人にとって重要なネコ科動物はライオンのほかにもう一種いて、それがスカイパンサーです。ある専門家はトルコのギョベクリ・テペ遺跡で発見されたパンサーのレリーフについてこう述べています。

〝エンクロージャーＨ【訳注／ギョベクリ・テペ遺跡にはエンクロージャーと呼ばれるエリアが20程あり、一般公開されているのはＡからＤまでの４つのエリアのみ】の中央には２本の柱があり、その内の１本にはヒョウのような獣のレリーフが彫られています。この獣は死者の世界の入り口の守護獣で、メソポタミアの天空のパンサー・グリフィンである「ウカドゥハ」の原型ではないかと考えられています。ウカドゥハとは「口を開けた嵐の悪魔の星座」という意味で、これは白鳥座の主要な星々と隣接するケフェウス座のほかの星々からなる星群を指しています〟

中東の人々にとって、星座は少なくともふたつの点で生活に密着していました。まずひとつは、星座は空に住む神々やその特徴を指し示すものであること。そしてもうひとつは、季節の変化と農作物の種まきや収穫の時期を知らせるものであることです。

古代の人々は夜空の観察に長けていて、星座が移動する様子から雨期や収穫期などを予測していたのです。古代のメソポタミア人やギリシャ人にとって、死とは冥界の女神エレシュキガルが支配する「クル・ヌ・ギ・ア（冥界）」への旅を意味していました。前述の天空のパンサーはギョベクリ・テペ遺跡（そしておそらくセネカ）とのつながりを示唆していると思われます。

## 中国の占星術と天文学

中国の占星術では、子（ネズミ）、丑（ウシ）、寅（トラ）、卯（ウサギ）、辰（ドラゴン）、巳（ヘビ）、午（ウマ）、未（ヒツジ）、申（サル）、酉（トリ）、戌（イヌ）、亥（イノシシ）の12の干支で年を数えます。中華料理店で干支が描かれた伝統的なランチョンマットを目にしたことがある方もいると思いますが、このランチョンマットにはそれぞれの干支に生まれた人の性格や、相性が良い干支と悪い干支、また結婚相手に向いている干支などが書かれています。

干支のネコ科動物は寅ですが、寅年生まれの人は行動力と強い意志があり、好奇心旺盛とされています。また、午年と戌年の相手と相性が良く、申年の相手には注意が必要といわれています。

この中国の占星術の12支は、神々が最初の暦をつくる際に動物たちにレースをさせ、ゴールした順番で決まったといわれています。ギリシャ発祥の占星術と一致するのは牡牛座と丑、牡羊座と未のふたつです。西洋の占星術で用いられるのは数多の星座のなかでも、黄道12宮の牡羊座、牡牛座、双子座、蟹座、獅子座、乙女座、天秤座、蠍座、射手座、山羊座、水瓶座、魚座の12星座となっています。

中国の四柱推命による性格判断は陰陽五行説という自然哲学に由来しています。生年月日から木・火・土・金・水の五行（5つの要素）が割り出され、火の五行を持つ人は情熱的で活発、土の人は穏やかで現実的、金は意志が強く秩序を守り、水は知性に溢れ直感的、木は柔軟性がありチャレンジ精神旺盛など、基本的な性格の傾向や相性を占うことができます。

西洋占星術では、12の星座は火、地、風、水の４つの元素《エレメント》に割り当てられます。火は衝動的、地は現実的、風は知的、水は感情的など、それぞれ特有の性質を持っています。

中国人は優れた天文学者であり、最古の王朝である殷《いん》の時代には亀の甲羅や牛の肩甲骨などに熱した金属棒を当てることでひびを入れ、そのひびの形で吉凶を判断するという占いを行っていましたが、その頃にはすでに超新星と彗星を正確に分類していたようです。

西洋では多くの星座が動物にちなんで名づけられていますが、これは中国の天文学には見られません。また、宮廷などで夜空の星々が占いに用いられることはありましたが、基本的に中国では天文学と占いは別物のようです。

## 古代エジプトとスフィンクス

古代エジプトの天文学は、いまから8000年から7000年前に南部のサハラ砂漠に存在したナブタ・プラヤ文化の暦が起源とされています。当時はおそらく、その暦を使って気象パターン、特に雨の予測を試みていたことが考えられます。その時代には地球温暖化（人間によるものではない）によってリビアとエジプトの豊かな草原が砂漠へと姿を変えていました。そして猫の家畜化に関する現代の解釈が正しければ、飼い猫はネズミだけでなく危険なサソリやコブラの駆除にも役立っていたはずです。

エジプトのピラミッドは羅針盤の主要な四方位に沿って配置されていて、ギザ台地のクフ王、カフラー王、メンカウラー王の3大ピラミッドの並び方は空から見るとオリオン座の三つ星と一致しているという説があります。クフ王の大ピラミッドが建てられた年代については論争が繰り広げられていますが、スフィンクス建造の年代についても未だに疑問が残っています。ある地質学者によれば、スフィンクスには大量の水による浸食の跡が見られることから、その建造は少なくともエジプトが大洪水に襲われた紀元前1万年から7000年頃まで遡る可能性があるそうです。もっとも、多くのエジプト学者たちの間では、ギザ台地の石灰岩から彫られたスフィンクスはクフ王の大ピラミッドと同時期に建設されたということで見解が一致しています。とはいえ、専門家たちの見解が一致したからといって、それが必ずしも真実とは限りません。かつてのカトリック教会では、太陽が地球の周りを回っていると考えられていました。考えが独断的になってしまえば、もはや科学的な探究はできなくなるのです。

また、スフィンクスと獅子座との関連を指摘する専門家もいます。いずれにしても、スフィンクスは獅子を象徴していることは間違いないでしょう。もしかしたら、獅子は宇宙を支配する力のシンボルだったのかもしれません。

## 猫と量子力学の世界

第6章で紹介した映画の多くは、現実世界と交差する異世界を描いています。ひょっとしたら、そうした世界は確かに存在するのかもしれません。現代の科学では説明できないからといって、それが絶対に存在しないとは限りません。もっと言えば、数学や化学、物理学以外にもまだ発見されていない科学があるはずです。そうでなければ人類はすでに宇宙の謎を解明しているでしょう。

量子とは、粒子と波の性質を併せ持った微小な物質やエネルギーの単位を指します。そして、その量子の世界は私たちのこの物理的世界の基盤となっています。

量子物理学に関連する猫と言えば「シュレーディンガーの猫」はご存じの方も多いと思います。これは箱のなかに猫と毒ガス発生装置と放射性物質を入れて、観測者が箱を開けて確認するまでは、猫は「生きている」と「死んでいる」というふたつの状態で同時に存在しているとする思考実験です。こんな実験をするなんて、オーストリアの物理学者シュレーディンガーは猫好きではなかったに違いありません。本書では触れませんが、この問題は「重ね合わせの原理」と呼ばれるもので、量子レベルでは生命体（この場合は箱のなかにいる猫）が測定または観測されるまでは同時に複数の状態でいられるという原理です。アインシュタインが量子力学を問題視したのは、主にそれが彼の相対性理論と合致しなかったからともいわれています。古典物理学には時間と空間という概念がありますが、量子レベルでは時間も空間も存在しないと考えられているのです。

## 猫の夢

かつて中国では、猫の夢は敵対や紛争が起こる前触れとされていました。有名な言い伝えに、外を向いて玄関に座っている猫の夢を見たある役人の話があります。役人がその夢の意味を占夢官という夢占いの専門家に尋ねると、彼は「猫が玄関に座っている夢を見たなら、それは外から危険が迫っている予兆です。敵の軍がやって来るかもしれません」と言いました。そして、それから10日も経たないうちに別の役人が反乱を起こしたそうです。

この猫の夢は映画『マトリックス』の黒猫のように危険を暗示するものですが、猫自体が危険な存在なわけでも、危険に立ち向かうわけでもありません。つまり、この猫が危険を知らせるという夢の解釈からは、中国でも古代エジプトと同様に猫には守護者的なイメージがあったことがわかります。
もっとも、大型のネコ科動物の夢にはまた異なる解釈があったようです。

## ライオンとトラの夢

ライオンやトラの夢は、大きな力が得られる兆しといわれていたそうです。トラは山の獣の王と見なされていますし、ライオンは並外れた強さを持っています。そんなライオンやトラは気高さと力の象徴であり、その夢は良い出来事の前触れと捉えられていたのです。また、トラは白い色や西の方角と関連があるとされていました。

古代の中国の人々は、夢には自分の心のなかでつくられたものと、なにかの予兆として外から入ってくるもののふたつがあると考えていたようです。

夢の解釈は複雑であることも、逆に単純であることもあります。一部のアメリカ先住民の伝統では、夢の内容をひとつひとつ分解して分析し、なにかの比喩や願望の表れ、または過去、現在、未来の出来事を暗示するものとして解釈します。たとえば、ブラジルのフプダ・マク族は夢の内容を「キャッサバブレッド（キャッサバ粉を練った生地を焼いたパン）」や「散弾銃」といった夢に登場した物、あるいは「飲む」や「ジャガーを撃つ」といった夢のなかでの行為に簡潔に要約します。そしてそれらの要素を、視覚、聴覚、感覚的な比喩として解釈します。キャッサバブレッドはこのパンとよく似たオオアルマジロ、散弾銃はその銃身のように長い鼻を持つアリクイを表しているというように解釈されるのです。また、ジャガーは呪術師の象徴でもあったため、夢のなかでジャガーを撃つのは呪術師に病気の呪いをかけられていることを意味していたそうです。

猫の夢に関する考察は、心理学者のジークムント・フロイトやカール・グスタフ・ユングの解釈抜きには完結しません。「夢に現れる11種類の猫」という記事では、猫の夢について次のように書かれています。

〝フロイトによれば猫はエロティックな緊張感を象徴しているが、ユングは猫を元型《アーキタイプ》、つまり内なるインスピレーションと導きの源であると考えていた。確かに猫は性的エネルギーのシンボルでもあり、猫の夢を見るのは深層心理に性的な探求心があることを示すサインなのかもしれない〟

フロイトは性に執着し、それは恐怖と同様に人生に不可欠な要素だと考えていました。私は文化や宗教の起源に対するフロイトの見解は支持していませんが、恐怖や欲望は人間の文化の根底にあるものだという考えには同意します。ヒンドゥー教のモクシャ（死と再生のサイクルからの解放）や仏教の涅槃《ニルヴァーナ》へは、すべての恐怖や欲望を捨て去ることで到達できるとされています。そのとき人は本質的に無になるために苦悩から解放されるのです。でも、ブッダは意図的にそれらを捨て去ることはできないと悟ったそうです。なぜなら、恐怖や欲望を捨て去りたいと思うことはそれ自体が欲望だからです。だからこそ、仏教では中道を歩む、つまりその場その場で最善を尽くす生き方が説かれています。

　フロイトの心理学は１９３０年代から１９５０年代にかけて話題となったため、猫が性のシンボルとして世間に広まったのも不思議ではありません。フロイトの猫の夢の解釈は、発情期の雌猫が鳴いているイメージに基づいたものだったのかもしれません。

　一方のユングは、猫の夢を見ることは潜在的な性的欲求があるとするだけでは単なる分析の域を出ず、そうした夢を見ている人の根本的な解決にはならないと考えました。ユングは人の根源的な欲望のエネルギーを別の方向に向けることに焦点を当てていたようです。

## おわりに

人類と猫は何百万年にもわたって関係を築いてきました。私たちの遥か遠い祖先はかつて大型のネコ科動物たちの獲物でしたが、肉食動物に食べられることへの恐怖は遺伝子に深く刻み込まれ、人類の身体的・社会的な発達の大きな後押しとなったと考えられます。古代の人々は団結して、お互いに危険を知らせるためのコミュニケーションを中心としたサバイバル・スキルを発達させて絆を深めてきました。初めは叫び声だったそのコミュニケーションは、長い年月とともに今日の言語へと変化してきたのです。

いまから80万年前から50万年前に槍や投げ槍を開発したことによって、旧人類のネアンデルタール人は頂点捕食者となりました。依然として肉食動物の獲物ではあったものの、この武器によって状況はそれまでとは一変したのです。我が家の猫たちは、私が庭で熊手やほうきなどを手にすると、よく懐いている子でさえ警戒する様子を見せます。私も妻も決して猫たちを叩いたりはしないので、その警戒心は我が家で身につけたものであるはずがありません。つまり、これはもともと遺伝子に刻み込まれているものだと思われます。

初めて猫が飼われるようになったのはレバントかエジプトではないかといわれています。そのふたつの地域は農業（レバント）と家畜の飼育（レバントとエジプト）が始まったと考えられている場所だからです。動物が家畜化されるときには、そこに必ず必要性があります。わかりやすいところでは食料や毛皮として、または警護のために動物を家畜にするのです。ただ、猫の場合は少し異なり、ネズミを駆除する以外に主立った理由がありません。そのため、猫が自ら人間と暮らすようになったのではないかという推測もなされています。でもそこで浮かんでくるのは、それがなぜなのかという疑問です。その答えは、古代からの私たち人類とネコ科動物との関係性、つまり人間がネコ科動物にとって食料だったことにあるのかもしれません。現代の猫はもちろん、ジャングルキャットやリビアヤマネコも人間を捕食することはありませんが、遺伝子に刻まれた古代のつながりが猫を人類の周りにいるように仕向けたのではないかと私は考えています。まずはネズミ駆除のための家畜というかたちで、そして後にペットとして飼われるようになったことで、実際に猫たちには安定した食料が供給されています。

神話や民間伝承では、いたずら好きな猫から知的な猫、悪魔的な猫まで、多様な猫たちの姿が描かれています。現代の映画にも、古代のケルト人や大昔の日本人が想像したようなさまざまな猫のイメージが取り入れられています。今日、猫は多くの人にとって大切な家族のような存在になりました。

スピリチュアルな考え方が嫌いな人にとっては、猫はただの身近な動物に過ぎないかもしれません。でも、猫には不思議な魅力があるのはだれもが認めるところです。猫はクールな気分屋で、家具におしっこをしたりソファをぼろぼろにしたりすることもあれば、可愛らしくあなたの傍に寄り添うこともあるのです。

# 訳者あとがき

『猫はスピリチュアル』いかがでしたでしょうか？

猫と暮らす人の数は年々増え続け、いまや日本での飼育頭数は犬を上回っているそうです。書店にも猫に関する雑誌や本はたくさん並んでいますが、本書は異色の一冊で、猫のスピチュアルな一面にフォーカスした内容となっています。また、猫と人類の共生の歴史や猫の身体能力、不思議な行動の謎なども、人類学者でもある著者ならではの視点から考察しています。

どこかミステリアスでスピリチュアルな雰囲気の動物といえば、やはり真っ先に思い浮かぶのは猫（それとフクロウも）ではないでしょうか？　昔から多くの人に愛され続けている猫は、日本が世界に誇るアニメ作品にもよく登場します。有名な猫のキャラクターだけでも、国民的アニメのドラえもんや、海外でも大人気のハローキティをはじめ、ジブリ作品に登場する黒猫のジジ（魔女の宅急便）、ネコバス（となりのトトロ）、バロン（猫の恩返し／耳をすませば）、そして妖怪ウォッチのジバニャン、ポケモンのニャース、美少女戦士セーラームーンのルナなど、数え上げたらきりがありません。これだけでも、猫がいかに日本人に愛されているかがわかります。

猫の人気の一番の理由はもちろんその見た目の可愛らしさですが、どこか不思議な雰囲気や自由気ままなところに惹かれる人も多いはずです。本書で著者のジョン・A・ラッシュが語っている通り、そんな猫の魅力に心を奪われ、まるで猫の下僕のようになっている愛猫家がいるのは万国共通で、どうやら日本に限った話ではないようです。

スピリチュアルという観点から猫を見つめた本書では、世界中の猫にまつわる神話や伝承、都市伝説なども多く紹介しています。そんななかでも、ケルト神話の妖精猫ケット・シーやアーサー王伝説の怪猫キャスパリーグ、そしてエジプト神話の猫の女神バステトはさまざまな有名タイトルのゲームに登場しているので、存在は知っていたけれど背景にあるストーリーまでは知らなかった、という方も多いのではないでしょうか。

本書では日本の招き猫や中国の招財猫についても触れられていますが、僕の地元、浅草には招き猫発祥の地とされる今戸神社があります。ここは縁結びでも有名で、よくテレビなどでも紹介されている神社なのですが、境内の至るところに招き猫が置かれ、絵馬や御朱印帳、お守りなどのグッズはどれも可愛らしい招き猫のイラストが描かれています。また、ときどき境内に現れるナミちゃん（ここに祀られている日本神話の国生みの女神イザナミノミコトにちなんで名付けられたそうです）という白猫はリアル招き猫で、写真を撮ってスマホの待ち受けにすると良縁に恵まれるといわれているそうです。

猫にはミステリアスなところがあるというのは、猫と暮らしている方ならだれもが感じたことがあると思います。我が家のキジ白のゆうこは、もともと近所の神社に住む地域猫だったようなのですが、ある日突然、僕の家にやってきました。おなかを空かせていたようなのでコンビニに行って猫缶を買ってくると、すぐに平らげてソファの上に飛び乗り、ひとしきり毛づくろいをしてから寝てしまいました。それ以来、外に出ても必ず帰って来るようになり、やがて完全に家猫になりました。それからもう14年が経ちますが、まだまだ元気で、これを書いているいまも膝の上で寝ています。猫が自らやってきて家族の一員になるのはそれほど珍しいことではないようで、ユーチューブには自宅の庭や玄関にやってきた猫を保護して家族に迎えている人たちの動画がたくさんあります。個人的には、そこにとてもスピリチュアルな縁を感じます。みなさんの家の猫たちも、きっと特別な縁があって家族になったのでしょう。

洋書にはまだまだ新しい切り口のおもしろい猫本がありそうなので、また機会があれば読者のみなさんにお届けできればと思っています。

2024年12月

岡　昌広

著者略歴

ジョン・A・ラッシュ

1943年生まれ。人類学の教授を退職したのち、自然療法医として活躍。専門は情報理論、神話、生物人類学。『スピリチュアル・タトゥー』『ザ・トゥエルブ・ゲイツ』『ザ・マッシュルーム・イン・クリスチャン・アート』など著書多数。

訳者略歴

岡 昌広

1976年東京生まれ。美容専門学校卒業後、美容師として都内のヘアサロンに勤務。金属アレルギーの発症により転職を考えていた折に、ある占い師の予見を受け翻訳者となる。『魔術の教科書』『魔女の指南書』『潜在意識を使えば、人生が変わる』などの訳書がある。

カバーデザイン／冨沢崇（EBranch）
校正／株式会社鷗来堂
組版／株式会社キャップス

CATS: KEEPERS OF THE SPIRIT WORLD by John A. Rush
Copyright © 2023 by John A. Rush
Japanese translation rights arranged with Inner Traditions International, Vermont,through Tuttle-Mori Agency, Inc., Tokyo

# 猫はスピリチュアル

## 光と闇の世界を生きる精霊界の番人

2025年1月31日　第1刷

著　者　ジョン・A・ラッシュ
訳　者　岡 昌広
発行者　小宮英行
発行所　株式会社徳間書店
〒141-8202　東京都品川区上大崎3-1-1
目黒セントラルスクエア
電話 編集（03）5403-4344　販売（049）293-5521
振替 00140-0-44392
印刷・製本 株式会社広済堂ネクスト

本書の無断複写は著作権法上での例外を除き禁じられています。
購入者以外の第三者による本書のいかなる電子複製も一切認められておりません。
乱丁・落丁はおとりかえ致します。

Ⓒ Masahiro Oka 2025, Printed in Japan
ISBN978-4-19-865947-9